Cornelia Riechers

So bleiben Sie erfolgreich arbeitslos

Ein paradoxer Bewerbungsratgeber

Zum Buch
Das ernste Thema der Arbeitslosigkeit wird hier einmal mit Humor beleuchtet. Die vielen Missgeschicke und Tollpatschigkeiten, die Jobsuchenden häufig nolens-volens passieren, werden ironisch umgedeutet als Strategie zur bewussten Karrierevermeidung. Wer tatsächlich *keinen* Job finden will, dem zeigt die Autorin alle Sorten von Fettnäpfchen, in die er als Bewerber treten kann, ohne dass es auffällt. So geht er einer Erwerbstätigkeit dauerhaft aus dem Weg und versichert sich dabei der Anerkennung und Anteilnahme seiner Mitmenschen. Genau das kennzeichnet den *erfolgreichen Arbeitslosen.*
Personalmanagern oder -beratern wird so manches Beispiel in diesem Buch bekannt vorkommen. Und was im Alltag oft Enttäuschung oder Frustration auslöst, ruft in dieser überspitzten Darstellung garantiert ein Schmunzeln hervor.
Der ernsthaft Arbeit Suchende hingegen erkennt sich in einigen Fällen vielleicht wieder und versteht, warum seine Bewerbungen bislang erfolglos blieben. Und wenn dieses Buch ihn anregt, sich in Zukunft anders zu verhalten, dann ist er seinem beruflichen Ziel bereits ein großes Stück näher gekommen.

Zur Autorin
Dr. Cornelia Riechers lebt in Düsseldorf und ist seit 1987 im Personalwesen tätig. 1993 gründete sie ihr eigenes Unternehmen *Quality Outplacement* mit den Schwerpunkten Outplacement- und Karriereberatung. Zu ihren Kunden zählen bedeutende Firmen wie Siemens und die Deutsche Bank. Mehr als tausend Bewerber aus allen Branchen hat sie schon erfolgreich bei der beruflichen Neuorientierung betreut, vom angelernten Arbeiter bis zum Geschäftsführer. Alle Beispiele in diesem Buch beruhen auf Tatsachen; kein einziges ist erfunden. Weitere Erfahrungsberichte von Cornelia Riechers sind in Zeitungen, Fachzeitschriften und Büchern erschienen.
www.quality-outplacement.de

Zur Zeichnerin
Ritje Dieckmann lebt in Waltrop und arbeitet seit 1994 als freiberufliche Grafikerin und Werbedesignerin. Darüber hinaus illustriert sie Bücher.
www.ritjegrafik.de

Cornelia Riechers

So bleiben Sie erfolgreich arbeitslos

Ein paradoxer Bewerbungsratgeber

Illustriert von Ritje Dieckmann

Mit einem Vorwort von Maria Christiani,
Prokuristin der Deutschen Bank AG i. R.

3. Auflage 2011
ISBN 978-3-00-023892-5

Herstellung: Winterwork, Borsdorf
www.winterwork.de

Bibliografische Information der Deutschen Bibliothek
Die Deutsche Bibliothek verzeichnet diese Publikation in der Deutschen Nationalbibliografie; detaillierte bibliografische Daten sind im Internet über http://dnb.ddb.de abrufbar.

Bestelladresse:
Dr. Cornelia Riechers
Quality Outplacement
Am Korresberg 20
40699 Düsseldorf-Erkrath
E-Mail: presse@quality-outplacement.de

Online-Bestellung:
www.erfolgreich-arbeitslos.de

Vorwort

Der Titel dieses Buches ist provokativ. Gibt es wahrhaftig diejenigen, die in voller Absicht arbeitslos bleiben wollen? Meine Erfahrung, fundiert durch frühere langjährige Tätigkeit auf dem Personalsektor, sagt mir: Sie leben tatsächlich unter uns, wenn auch in einer verschwindend geringen Minderheit. Fühlen Sie sich zu dieser Spezies gehörig, dann rate ich Ihnen, das vorliegende Werk auf jeden Fall zu kaufen. Sie werden davon profitieren.

Aber warum sollten SIE, der ernsthaft und manchmal verzweifelt jobsuchende Arbeitslose, oder SIE, der zu Einstellungen ermächtigte Mitarbeiter eines Unternehmens, der täglich mühselig Bewerbungen und Bewerber filtern muss, sich mit Cornelia Riechers' didaktischer Spottlektüre befassen? Ganz einfach: weil Sie sich alle darin wieder finden – mal mehr, mal weniger, aber ganz gewiss. Dabei werden dem Bewerber seine Versäumnisse, Fehler und Untaten nicht einfach in burlesker Eulenspiegelei vor den Kopf gedonnert; vielmehr wird ihm mit feinster Ironie und anhand authentischer Beispiele verdeutlicht, was warum schief gelaufen ist. Und so ereilt den gescheiten, lernfähigen Arbeitslosen nach und nach die Erkenntnis, dass seine Qualifikation nicht ausreicht, um wieder in Beschäftigung zu kommen. Bei dem heiß umkämpften Markt muss auch vermarktet werden.

Der Personalmanager hingegen fühlt sich am Ende des letzten Kapitels - ganz ohne Kommentierung des BVG und sonstiger Arbeitsgesetze - auf humorige Art weitergebildet und weiß nunmehr seine Kandidaten besser zu sondieren.

Ich empfehle dieses Buch nicht nur den am Arbeitsmarkt aktiv Agierenden, sondern gleichermaßen den noch nicht ganz senilen Rentnern, zu denen ich mich bescheiden selbst zähle. Unsere primäre Anteilnahme an der heutigen schwierigen Arbeitswelt beschränkt sich darauf, unsere Kinder und Enkelkinder, deren berufliche Perspektiven uns betrüben, mit unseren Erfahrungen zu begleiten. Nach der Lektüre können Sie in Ihrer Familie mit enormer Sachkenntnis glänzen und mit zweckdienlicher Beratung eindrucksvolle Triumphe feiern.

Allen Lesern dieses neuartigen, richtungweisenden Garantiesystems für erfolgreiche Arbeitsvermittlung wünsche ich viel Freude und natürlich für die Zukunft eine großartige Karriere internationalen Stils.

Maria Christiani
Prokuristin der Deutschen Bank AG i. R.

Kapitel 1

Lieber arm und gesund?

Was dem ungeschulten Arbeitslosen blüht

Sie sind arbeitslos und wollen es auch bleiben? Dann wissen Sie aus eigener Anschauung, wie schwer Ihnen das heute gemacht wird.

Von allen Seiten wird Druck auf Sie ausgeübt. Ämter und Institutionen versuchen Sie mit allen Mitteln daran zu hindern, weiter arbeitslos zu bleiben. Das Sozialamt ist plötzlich nicht mehr für Sie zuständig, und als Hartz-IV-Empfänger werden die unmöglichsten Aktivitäten von Ihnen verlangt. Eine "Personalserviceagentur" und Ihr persönlicher "Fallmanager" treiben Sie von einem ungeliebten Arbeitsangebot zum nächsten. Sie sollen sich bei Firmen vorstellen, zu denen Sie mehrere Stunden weit fahren müssten und wo die Fahrtkosten den größten Teil Ihres Verdiensts verschlingen würden. Sie sollen Jobs annehmen, die weit unterhalb - oder aber völlig außerhalb - Ihrer Qualifikation liegen und weder mit Ihrer bisherigen Berufserfahrung noch mit Ihren Interessen auch nur das Geringste zu tun haben.

In Zeiten einer sich belebenden Konjunktur - wie zum Beispiel im Jahr 2007 - werden Arbeitslose noch stärker in die Mangel genommen. Die größere Zahl offener Stellen ermöglicht es der Arbeitsagentur, verhältnismäßig mehr Arbeitsangebote zu machen, diese als zumutbar zu erklären und infolge dessen häufiger Sanktionen anzudrohen oder gar zu verhängen. "Arbeitslose müssen auch den Job in 100 Kilometer Entfernung annehmen - selbst, wenn es nicht der hoch bezahlte Traumjob ist", sagte Bundeswirtschaftsminister Glos im September 2007.

Wagen Sie es als Arbeitsloser, sich dieser Praxis zu widersetzen und schlecht bezahlte, weit entfernte oder unpassende Arbeitsstellen abzulehnen, dann müssen Sie aufpassen: Plötzlich erscheint Ihr "Fall" in der Zeitung oder im Fernsehen, und blitzschnell sehen Sie sich zum "Sozialschmarotzer" oder Drückeberger abgestempelt. Zudem ruft ein solcher Bericht auch noch zahlreiche selbst ernannte Fachleute aus Politik und Wirtschaft auf den Plan, die ihn zum Anlass nehmen, über Arbeitslose herzuziehen und mehr zusätzliche Zwangsmaßnahmen zu fordern. Eine davon sah zum Beispiel vor, dass über 58-jährige Arbeitslose ab 2008 keinen Anspruch auf Arbeitslosengeld mehr haben sollten, sondern die Rente beantragen müssten - was eine Kürzung der Auszahlungsbeträge um bis zu 18 % bedeutet hätte.

Mit dem Druck einher geht eine negative öffentliche Stimmungsmache. In den westlichen Industrienationen gilt Arbeitslosigkeit grundsätzlich als Makel. Dementsprechend dienen Erwerbslose vielfach als Zielscheibe für diskriminierende Kommentare. In einer Studie gaben 62 % einer Gruppe Arbeitsloser an, dass sie abschätzigen Reaktionen ihrer Mitmenschen begegnet seien (Gumplmaier 2002). Wenn man Sie überdies noch verdächtigt, gar nicht arbeiten zu wollen, dann verlieren Sie rasch jedes Recht auf Anerkennung und Respekt. Keiner Erwerbstätigkeit nachzugehen, ist schon schlimm genug, und der gesellschaftliche Kodex verlangt, dass Sie alles tun, um wieder Arbeit zu finden. Tun Sie das nicht oder strengen Sie sich dabei nicht genug an, werden Sie als faul und arbeitsscheu gebrandmarkt. Vermutlich gibt es sogar in Ihrem persönlichen Umfeld Menschen, die Sie deshalb verachten. Familie, Freunde, Bekannte, Ex-Kollegen werfen Ihnen - mehr oder weniger offen - vor, an Ihrer Arbeitslosigkeit selbst schuld zu sein. Natürlich verschlimmert das Ihre ohnehin schon schwierige Lage.

Doch das ist noch nicht alles. Ein weiterer wesentlicher Faktor, der Ihnen als Arbeitslosem das Leben erschwert, ist die Auswirkung der Arbeitslosigkeit auf die Gesundheit. Obwohl anzunehmen wäre, dass Arbeitslose gesünder leben als Erwerbstätige, weil sie mehr Zeit haben, um etwa an die frische Luft zugehen, Sport zu treiben, selbst zu kochen und soziale Kontakte zu pflegen, ist das genaue Gegenteil der Fall. Zahlreiche Studien belegen, dass der Gesundheitszustand von Arbeitslosen signifikant schlechter ist als der von beschäftigten Personen. Sie weisen ein vier bis zehn Mal höheres Krankheitsrisiko auf.

Dabei spielen psychische Erkrankungen eine bedeutende Rolle. Arbeitslose Männer verbringen fast sieben Mal so viele Tage mit einer entsprechenden Diagnose im Krankenhaus wie Nicht-Arbeitslose, Frauen drei Mal so viele. Bei den durch Alkoholmissbrauch bedingten stationären Aufenthalten sind arbeitslose Männer zehn Mal so häufig betroffen wie Erwerbstätige, Frauen fünf Mal so oft (Grobe/Schwartz 2003).

Sogar die Sterblichkeit von unter 50-Jährigen wird durch Arbeitslosigkeit ungünstig beeinflusst. Wer zwei und mehr Jahre arbeitslos ist, unterliegt einem um das 3,4-Fache erhöhten Sterberisiko (ebd.).

Was für unerfreuliche Perspektiven! Wenn Sie sich für die Dauer-Arbeitslosigkeit entschieden haben, drohen Ihnen ein Leben unter Druck und vielerlei Zwängen, gesellschaftliche Abwertung sowie Krankheiten und im schlimmsten Fall sogar ein früher Tod. All diesen Gefahren müssen Sie trotzen. Aber wie? Vielleicht wollen Sie Ihre Entscheidung jetzt noch einmal überdenken?

Vielleicht fangen Sie an zu grübeln, ob es nicht doch besser wäre, sich eine Anstellung zu suchen?

Jetzt bloß nichts überstürzen! Denn es ist ja eben gar nicht so einfach, einen Job zu finden. Schließlich vernichtet die Wirtschaft weiterhin massenhaft Arbeitsplätze, selbst in Zeiten ansteigender Konjunktur:

"TUI will Jobs streichen" (26.03.07)
"Telekom stößt Call Center ab" (26.03.07)
"15.000 Stellen bei Citigroup gefährdet" (27.03.07)
"Quelle will 800 Mitarbeitern kündigen" (29.03.07)

Das sind nur die Meldungen aus drei willkürlich ausgewählten Tagen im März 2007. Die Liste lässt sich problemlos bis heute fortsetzen, und auch die Zukunft verspricht keine Besserung. Unsere Wirtschaft kann nämlich ohne Arbeitslose gar nicht existieren. Aus Angst, ebenfalls den Arbeitsplatz zu verlieren, akzeptieren die (noch) Erwerbstätigen vielfach niedrigere Einkommen, längere Arbeitszeiten sowie ein höheres Arbeitspensum und wagen es nur noch selten, sich krank zu melden. Auf diese Weise fungiert die von Marx so bezeichnete "industrielle Reservearmee" als Druckmittel der Arbeitgeber und sorgt dafür, dass die deutsche Industrie auf dem Weltmarkt konkurrenzfähig bleibt. Selbst in Bereichen, wo ein Mangel an Fachkräften herrscht (zum Beispiel

Ingenieure), bleiben Sie außen vor, wenn Sie über 40 sind und kein Russisch oder Chinesisch können. Als junger Hochschulabsolvent mit fließendem Russisch hingegen werden Sie womöglich deshalb abgelehnt, weil Sie noch nicht über ausreichende Netzwerke im Markt verfügen, um dem neuen Unternehmen schon feste Kunden mitbringen zu können. Und auch deshalb, weil ein russischer oder chinesischer Ingenieur mit einem Zehntel von dem zufrieden ist, was Ihnen als Gehalt vorschwebt.

Als Teil der industriellen Reservearmee erfüllen Sie somit eine wichtige Funktion, zu der noch ein weiterer Aspekt hinzukommt. Als Langzeit-Erwerbsloser sichern Sie die Existenz einer ganzen Branche, die von Angeboten für Arbeitslose lebt: Bildungsträger, Beratungsstellen, Betreiber von Beschäftigungsgesellschaften und so weiter. Allein bei einem Unternehmen, das sich früher mit der Prüfung und Begutachtung von Kraftfahrzeugen befasste, sind heute rund 6.000 Berater mit Leistungen rund um die Arbeitslosigkeit beschäftigt: Transfergesellschaften und -agenturen, Bewerbertraining, Arbeitsvermittlung und Arbeitnehmerüberlassung. Bei einer deutlichen Verminderung der Arbeitslosenzahlen würden die meisten dieser Berater selbst arbeitslos.

Angesichts all dieser Faktoren erweisen Sie also der Wirtschaft und der Gesellschaft einen nützlichen Dienst, wenn Sie arbeitslos bleiben.

Ohnehin wird diese Gesellschaft in den nächsten Jahren und Jahrzehnten nur noch einem immer geringeren Teil der Bevölkerung Beschäftigung bieten können. Erwerbstätigkeit im herkömmlichen Sinne wird es kaum mehr geben (vgl. Ogger 2007, Saiger 1997 und Rifkin 1994). So gesehen, sind Sie Ihrer Zeit voraus und pflegen als Dauer-Arbeitsloser bereits den Lebensstil der Zukunft.

Seien Sie jedoch davor gewarnt, dies ohne fachkundige Anleitung zu tun. Zwar könnte die Tatsache von dreieinhalb bis fünf Millionen Arbeitslosen, die wir seit einem Jahrzehnt in unserem Land registrieren, leicht zu der Annahme verleiten, es sei gar nicht so schwer, sich seine eigene Arbeitslosigkeit schlecht und recht zusammenzubasteln. Aber bedenken Sie die verhängnisvollen Auswirkungen dieser Do-it-yourself-Variante! Die meisten Menschen benötigen einfach professionellen Rat und Hilfe, um ohne Schäden an Körper und Seele arbeitslos zu bleiben und den negativen Folgen dauerhafter Beschäftigungslosigkeit zu entgehen.

Dieses Buch soll Ihnen zeigen, wie Ihnen das langfristig gelingt und wie Sie gleichzeitig angesehen, gesund und glücklich sein können - also ERFOLGREICH arbeitslos!

Kapitel 2

Übung macht den Meister

Wie Sie mit diesem Buch arbeiten

Erfolgreich arbeitslos zu bleiben, ist keineswegs einfach. Neben umfangreichen Kenntnissen, Ideen, intellektuellen und kommunikativen Fähigkeiten brauchen Sie vor allem Übung, Übung, Übung. Nur durch intensives Üben werden Sie in der Lage sein, beachtenswerte Leistungen zu erzielen.

Darum gibt Ihnen dieses Buch neben allgemeinen Leitlinien viele praktische Fallbeispiele, um Sie zum eigenen Üben zu inspirieren. Je nach Ihren persönlichen Umständen können Sie die geschilderten Praktiken direkt nachahmen oder für Ihren eigenen Bedarf abwandeln.

Nun werden sich unter den Lesern etliche finden, deren Arbeitslosigkeit gerade erst begonnen hat oder die sich momentan noch auf diesen Zustand vorbereiten, weil sie wissen, dass das Problem in Kürze auf sie zukommt. Andere mögen bereits eine Zeit lang arbeitslos sein. Und schließlich rücken diejenigen ins Blickfeld, die auf Grund langjähriger Erfahrung schon als Autodidakten ein hohes Maß an Können erworben haben.

Um nun jedem Leser ein bedarfgerechtes und dem individuellen Wissensstand entsprechendes Lernprogramm zu bieten - Ungeübte sollen nicht gleich beim ersten Versuch scheitern und Erfahrene sich nicht unterfordert fühlen - wurden die Praxisbeispiele in drei Schwierigkeitsgrade oder Level unterteilt:

LEVEL 1 (Anfänger) kennzeichnet einfache Anwendungen für Neueinsteiger in die erfolgreiche Arbeitslosigkeit.

★
Level 1

LEVEL 2 (Mittelstufe) ist für Kandidaten mit ersten Erfahrungen geeignet.

★★
Level 2

LEVEL 3 (Experten) richtet sich an Arbeitslose mit langjähriger Praxis und setzt bereits einiges Können voraus.

★★★
Level 3

Jedes Fallbeispiel ist einem dieser drei Level zugeordnet und kann als Modell für eigene Übungen auf der jeweiligen Stufe dienen.

Dadurch wird es Ihnen möglich, die für Sie persönlich geeigneten Beispiele gezielt auszuwählen und Ihr Trainingsprogramm Ihrer individuellen Fortentwicklung anzupassen. Sie können mit den Aufgaben beginnen, die Ihnen leicht fallen, und sich dann nach und nach zu den schwierigeren Leveln hocharbeiten.

Vor kurzem wurde in den Nachrichten gemeldet, dass die Düsseldorfer Polizei zwei

Der steinige Weg zu keinem Job

"Berufsverbrecher" gefangen habe. "Berufsverbrecher" - diese Art von Broterwerb findet sich nicht im aktuellen amtlichen Verzeichnis von Ausbildungsberufen. Weder IHK noch Handwerkskammer prüfen anscheinend die angehenden Berufsverbrecher. Also ein nicht geregelter Beruf, ein Nischenberuf. Was mag einen Berufsverbrecher wohl auszeichnen, und wie unterscheidet er sich von anderen Verbrechern?

Sicherlich erfordert die berufliche Verbrechensbegehung eine besondere Qualifikation, möglicherweise muss der Aspirant schon irgendwie eine Ausbildung absolvieren, vielleicht sogar eine Prüfung bestehen, ehe er vollberuflich als Verbrecher tätig sein kann. Ganz bestimmt wird vorausgesetzt, dass ein Berufsverbrecher sich so intensiv seinen Aufgaben widmet, dass er davon seinen Lebensunterhalt bestreiten kann - sonst wäre er ja ein Hobbyverbrecher.

Nun ist "Verbrecher" gewiss kein angesehener oder sonst wie erstrebenswerter Beruf, und niemand würde ihn wohl im Anmeldeformular zum Beispiel eines Hotels angeben wollen. Schon allein deshalb nicht, weil diese schlecht beleumundete Tätigkeit am besten im Verborgenen gedeiht. Dennoch lässt sich nicht verhehlen, dass in dem Wort "Berufsverbrecher" eine gewisse Achtung mitschwingt für jemanden, der es in einem Fachgebiet ohne öffentlich anerkannte Ausbildung und ohne staatliche Abschlussprüfung so weit gebracht hat, dass er es als BERUF ausüben kann.

In vielen Lebensbereichen gibt es Beispiele dafür, dass die berufliche Ausübung einer Tätigkeit höher angesehen wird als die bloße Liebhaberei: So gelten Angehörige der Berufsfeuerwehr für besser qualifiziert als ihre Kollegen bei der Freiwilligen Feuerwehr. Auf dem Wasser hat die Berufsschifffahrt grundsätzlich Vorfahrt vor den Freizeitkapitänen. Ein Berufselektriker kann mit seiner Arbeit Geld verdienen, ein Hobbyelektriker DARF nicht einmal für Andere tätig sein.

Daher empfehle ich auch Ihnen den größtmöglichen Ehrgeiz, um Ihre Arbeitslosigkeit zu professionalisieren. Sie werden dann Ihre Aufgabe ernst nehmen und nichts dem Zufall überlassen. Ohne dass jemand davon erfährt, widmen Sie sich intensiv der Erweiterung und Vertiefung Ihrer Kenntnisse und Fähigkeiten. Keine leichte Aufgabe, wenn man bedenkt, dass Sie die Methoden und Hilfsmittel Ihrer erfolgreichen Arbeitslosigkeit größtenteils selbst noch erfinden müssen. Der vorliegende Ratgeber hilft dabei, liefert Ihnen einen Grundstock an Ideen und ermutigt Sie zum Weitermachen. Wenn Sie in Ihrem Eifer nicht nachlassen, Ihr Ziel fest ins Auge fassen und vor keinem Hindernis zurückschrecken, werden Sie Schritt für Schritt immer besser und besser werden, bis man eines Tages auch Sie mit allem gebührenden Respekt als "Berufs-Arbeitslosen" bezeichnen kann.

Kapitel 3

Ein reines Gewissen ist ein sanftes Ruhekissen

Wie Sie sich ein glänzendes Image erhalten

Das, was dem noch ungeübten Arbeitslosen am meisten zu schaffen macht, ist das schlechte Image, das ihm anhaftet. Ihm werden Faulheit, mangelndes Bemühen oder Unfähigkeit unterstellt; die Folgen sind Spott, Hohn und Verachtung.

Kein Wunder, dass die sozialen Kontakte des Arbeitslosen darunter leiden. Wer keine Beschäftigung hat, wird gemieden, als ob er an einer ansteckenden Krankheit litte. Im Extremfall wollen selbst Freunde und Familie nichts mehr mit ihm zu tun haben. Zwölf Prozent der befragten arbeitslosen Männer hatten höchstens eine Person, auf die sie sich im Notfall verlassen konnten, während ein gleichartiger Mangel nur bei fünf Prozent der Erwerbstätigen bestand (Grobe/Schwartz 2003).

Die Erfahrung, von anderen Menschen beschämt und stigmatisiert zu werden, weil man arbeitslos ist, sowie die daraus resultierende soziale Isolation beeinträchtigen außerdem das psychische Wohlbefinden. Nach den eingangs zitierten Studien findet sich der größte

Unterschied zwischen Arbeitslosen und Erwerbstätigen im Bereich der psychischen Gesundheit. Depressionen und Suchterkrankungen häufen sich in erschreckendem Maße; mehr als jeder siebte Erwerbslose hat sogar schon einmal an Selbstmord gedacht (Kieselbach et al. 1998).

Wenn bereits die Arbeitslosigkeit an sich solche gravierenden Folgen hat, um wie viel stärker muss dann erst jemand wie Sie darunter leiden, der arbeitslos bleiben WILL! In den Augen der Anderen verdient so ein Mensch weder Mitgefühl noch Hilfe.

Um zu einem erfolgreichen Arbeitslosen zu werden, müssen Sie also lernen, negative Bewertungen der Umwelt, soziale Isolation und psychische Erkrankungen zu vermeiden. Ihr Wohlbefinden, Ihre psychische Stabilität und Ihre Gesundheit hängen davon ab, dass Sie sich Ihr Ansehen und Ihre sozialen Kontakte erhalten. Diesen Herausforderungen sollten Sie die größtmögliche Aufmerksamkeit widmen. Damit tun Sie nicht nur sich selbst, sondern auch Ihrer Familie und anderen Personen aus Ihrem sozialen Umfeld einen Gefallen, denn diese sind sehr häufig von den nachteiligen Auswirkungen der Arbeitslosigkeit mit betroffen (Grobe/Schwartz 2003).

Der erfolgreiche Arbeitslose unternimmt demnach alles, damit sein Umfeld ihn positiv bewertet und viele Menschen den Kontakt zu ihm aufrechterhalten möchten. Imagepflege steht für ihn an alleroberster Stelle. Um nicht dem

Vorurteil "arbeitslos gleich arbeitsscheu" zum Opfer zu fallen, darf ihn an seiner Arbeitslosigkeit auch nicht das kleinste Quäntchen eigenen Verschuldens treffen. Dem Faulheits-Verdacht muss er aktiv entgegen wirken und seinen Arbeitswillen in jeder nur denkbaren Art demonstrieren. Er muss quasi mit einem Schild vor der Brust herumlaufen, auf dem steht: Ich will, ich suche Arbeit.

Schule der Berufs-Arbeitslosen

Nun fragen Sie sich gewiss, wie das gehen soll - seinen Arbeitswillen demonstrieren und gleichzeitig langfristig arbeitslos bleiben? Die nächstliegende Möglichkeit besteht natürlich darin, dass Sie nach außen hin nur so tun, als ob Sie arbeiten wollten. Diese Methode hat allerdings gravierende Nachteile: Nicht nur kommen andere Ihnen leichter auf die Schliche, sondern Sie liegen auch permanent im Widerstreit mit Ihrem eigenen Gewissen. Der erfolgreiche Arbeitslose bringt sich nicht in eine solche Klemme.

Paul Watzlawick beschreibt in seinem Buch "Anleitung zum Unglücklichsein" (nach Margaret Mead) zum einen den Amerikaner, der Kopfschmerzen vortäuscht, um einer lästigen Verpflichtung zu entgehen, und zum anderen den Russen, der in einem solchen Fall die Kopfschmerzen wirklich HABEN muss. "*... Sie werden zugeben, dass die russische Lösung ungleich besser und eleganter ist. Der Amerikaner erreicht zwar seinen Zweck, weiß aber, dass er schwindelt. Der Russe dagegen bleibt in Harmonie mit seinem Gewissen. Er hat die Fähigkeit, ganz nach Bedarf einen Entschuldigungsgrund herbeizuführen, ohne aber zu wissen (und ohne daher dafür verantwortlich zu sein), WIE er es schafft.*"

Selbstverständlich ist auch für den erfolgreichen Arbeitslosen die "russische Lösung" die Option seiner Wahl. Sein Gewissen bleibt dabei makellos und rein, und sein Image desgleichen. Natürlich lernt man das nicht so leicht. Manchem kommt dabei sein angeborenes Talent zugute.

Aber auch ohne besondere Begabung, nur mit Willenskraft und Durchhaltevermögen, können Sie sich diese Kunst aneignen und es bis zur Meisterschaft bringen. Die Fallbeispiele in diesem Buch sollen Sie auf Ihrem Weg begleiten. Nutzen Sie sie als Anregung, um selbst zu üben und sich immer mehr zu vervollkommnen. Die "russische Lösung" ist die Grundlage aller Beispiele auf Level 3.

Wenn Sie die Ebene 3 erreicht haben, ist alles, was Sie tun, um eine Arbeitsstelle zu finden, von Misserfolg gekrönt - aber Sie haben keine Ahnung, warum das so ist. Der Könner erschafft diese Situation selbst, und doch erscheint sie ihm - und allen anderen - als höhere Gewalt. Auch wenn er unablässig darum kämpft, arbeitslos zu bleiben, und seine ganze Kraft und Fantasie dafür einsetzt, ist ihm seine Absicht nicht bewusst. Seine Linke weiß sozusagen nicht, was die Rechte tut. Watzlawicks Buch sei übrigens jedem Aspiranten auf eine erfolgreiche Arbeitslosigkeit als Einstiegslektüre empfohlen (besonders die Kapitel "Russen und Amerikaner" und "Die Geschichte mit dem Hammer").

Ein einfaches Beispiel zum Thema Jugendarbeitslosigkeit veranschaulicht, wie eine Schülerin, quasi als Naturtalent, sich die Watzlawicksche Taktik zunutze macht, ohne je darin ausgebildet worden zu sein. In einem Fernsehbericht über die vielen Tausend Jugendlichen, die zwei

Wochen vor Beginn des neuen Ausbildungszeitraums am 1. August noch keinen Ausbildungsplatz gefunden hatten, wurde auch Katja P. interviewt. Nach ausführlicher Darstellung ihrer bedauernswerten Lage wurde sie gefragt, wie viele Bewerbungen sie denn geschrieben habe. Darauf gab sie mit unschuldigem Augenaufschlag zur Antwort: "Noch keine - es sind ja noch Ferien."

★
Level 1

Katja P. war sich keines Versäumnisses bewusst - schließlich standen ihr wie jedem anderen Schüler Ferien zu. Alle aus ihrer Klasse hatten schon eine Lehrstelle, nur sie nicht. Und da schien es doch völlig klar, dass ihre fehlende Lehrstelle einzig und allein auf die Ungerechtigkeit der Gesellschaft zurück zu führen war und auf nichts sonst.

Wie gesagt, dies ist die Leistung einer Anfängerin. Der fortgeschrittene erfolgreich Arbeitslose schreibt selbstverständlich Bewerbungen und bekommt trotz seiner Bemühungen kein Stellenangebot. Er versucht absolut alles und bewirbt sich auch auf Stellen, für die er weder qualifiziert noch sonst wie geeignet ist. Dietmar K. zum Beispiel, Oberstufenlehrer für Deutsch und Geschichte, beantwortet Stellenangebote für IT-Spezialisten. Er wird von allen bedauert, weil er trotz seiner vielen Bewerbungen noch nichts Neues gefunden hat.

★★
Level 2

Der Experte für erfolgreiche Arbeitslosigkeit hingegen steigert seine Anstrengungen auf ein weit überdurchschnittliches Maß. Er betreibt seine Jobsuche mit enormem Aufwand, um dann angesichts seines phänomenalen Einsatzes doch mit Glanz und Gloria zu scheitern. Auch hierfür ein Beispiel:

Ferdinand S. hat eine Bewerbung geschrieben und bittet eine professionelle Beraterin um Feedback hierzu, das sie ihm auch gibt. Daraufhin antwortet er ihr:

> "Irgendwie beruhigt es mich, dass ich Ihrer Meinung nach anscheinend alles falsch gemacht habe, was man falsch machen kann. Dann bin ich nämlich noch ich, zumindest subjektiv gesehen.
>
> Ich werde auch so bleiben wie ich bin, selbst wenn ich dabei untergehe. Aber wenn schon, dann aufrecht und mit wehenden Fahnen. Wer mich so akzeptiert, mit dem kann ich auch arbeiten. Alles andere ginge sowieso nicht gut. Im Übrigen suche ich nicht auf Teufel-komm-raus einen neuen Job. Was wahrscheinlich auch die beste Voraussetzung ist, etwas Brauchbares und Passendes zu finden. Insofern haben Sie schon Recht mit dem Topf und dem Deckel. Ich suche eben den passenden, nicht irgendeinen. Was passiert, wenn man versucht, um jeden Preis in einen vorgegebenen Schuh hineinzukommen, sieht man ja bereits in den alten Märchen. Das kostet dann schon mal die Zehen oder die Ferse. Aber ist es das wirklich wert?"

★★★
Level 3

Ferdinand S. geht mit wehenden Fahnen unter

Gleich die Einleitung des ersten Satzes besticht durch Eleganz: "Irgendwie beruhigt es mich ..." Hätte die Beraterin seine Bewerbung gut gefunden, hätte er ja auch allen Grund zur Sorge gehabt. Aber nicht daher rührt seine Beruhigung, sondern - hier nimmt er lässig die nächste Kurve -: "Dann bin ich nämlich noch ich." Denn mit einer ansprechenden Bewerbung würde er schließlich seine Chancen auf erfolgreiche Arbeitslosigkeit torpedieren, und dann wäre er eben nicht mehr er selbst.

Der Leitsatz von Ferdinand S. ist es wert, dass Sie ihn sich gut merken. Bleiben Sie stets Sie selbst, unschuldig wie Aschenputtel in seinem Aschekasten, bis der (Arbeitgeber-)Prinz mit dem RICHTIGEN Schuh kommt, um Sie zu holen. Kürzen Sie weder Ihre Zehen noch Ihre Ansprüche, denn das hat auch damals den beiden Stiefschwestern nichts genützt. Die Treue zu sich selbst wird Ihnen helfen, nicht auf die vielen Kniffe und Tricks hereinzufallen, mit denen Ihre Umwelt Sie in einen unpassenden Job zu locken oder zu zwängen versucht.

Kapitel 4

Früh krümmt sich was ein Häkchen werden will

Welche Strategien zum Erfolg führen

Das Wichtigste, wenn Sie erfolgreich arbeitslos bleiben wollen, ist wie bei jedem Ziel eine gute Strategie. Mit der Erarbeitung Ihrer Strategie legen Sie den Grundstein für Ihr zukünftiges Handeln. All Ihre praktischen Schritte und Vorgehensweisen können Sie anhand dieser Strategie überprüfen und so erkennen, ob sie zum Ziel führen oder nicht.

Sie brauchen keine Strategie, meinen Sie, da es sich doch um eine rein praktische Aufgabe handelt? - Denken Sie an die Überzahl und die Gewitztheit Ihrer Gegner! Denken Sie daran, wie viele Arbeitslose an ihrem Zustand verzweifeln, erkranken oder noch Schlimmeres erleiden!

Jeder General hat eine Strategie, jeder tüchtige Manager, jeder erfolgreiche Sportler. Ebenso gelangen auch Sie mit der richtigen Strategie schneller, einfacher und vor allem wirkungsvoller an Ihr Ziel! Dieses Buch macht Sie mit grundlegenden strategischen Prinzipien vertraut, die Ihnen als Leitlinien dienen und mit deren Hilfe Sie Handlungsweisen für Ihre individuelle Situation entwickeln können.

Es ist nie zu spät und selten zu früh

Das Gute ist zunächst einmal, dass man in jedem Alter mit der erfolgreichen Arbeitslosigkeit beginnen kann. Natürlich fällt es umso leichter, je eher man anfängt. Das Fundament für eine erfolgreiche, lang andauernde Arbeitslosigkeit kann bereits früh im Leben gelegt werden. Aber auch in jedem späteren Stadium gibt es genügend Möglichkeiten, die Weichen richtig zu stellen - sogar dann, wenn man sich zurzeit noch in einem Beschäftigungsverhältnis befindet.

Schwierig wird es erst ab Mitte Fünfzig. Da werden Sie schon leicht als Vorruheständler angesehen, und die Bundesagentur für Arbeit hält Modelle bereit, um einen älteren Arbeitslosen entsprechend umzuetikettieren. Ließ sich früher die selbst gewählte Arbeitslosigkeit mit eisernem Willen bis zum 65. Lebensjahr fortsetzen, bis zu diesem magischen Geburtstag, der nach heutigem Stand dem normalen Erwerbsleben und damit auch der Erwerbslosigkeit ein abruptes Ende setzt, so ist damit wohl bald Schluss. Denn demnächst sollen über 58-jährige Arbeitslose in die Zwangsrente geschickt werden. Wenn Sie also bereits etwas älter sind und Ihre erfolgreiche Arbeitslosigkeit noch genießen wollen, ist Eile geboten.

Das heißt, je eher Sie mit einer guten Strategie in die erfolgreiche Arbeitslosigkeit einsteigen, umso länger können Sie davon profitieren. Starten Sie also am besten schon während der Schulzeit.

Vor dem Berufsstart

Das Glück ist Ihnen hold, wenn Sie - wie viele junge Menschen - nach der Schule nicht wissen, was Sie eigentlich werden wollen. In der Regel kommen in einer solchen Situation Eltern, Lehrer, Freunde und Bekannte mit Ideen und Vorschlägen daher, unter Umständen gar mit einem freien Ausbildungsplatz. Doch natürlich können Sie nicht einfach irgendeinen Beruf ergreifen, nur weil für den gerade ein Ausbildungsplatz angeboten wird. Denken Sie immer daran, Sie selbst zu bleiben! Die Treue zu sich selbst ist einer Ihrer wichtigsten strategischen Grundsätze; seine Nützlichkeit hat sich schon am Beispiel von Ferdinand S. im vorigen Kapitel erwiesen.

Für Ihre Berufswahl kann das nur eins heißen: So lange Sie sich noch nicht restlos darüber im Klaren sind, welches Berufsziel für Sie das Richtige wäre, und so lange Sie nicht absolut sicher sind, dass es dieses und kein anderes sein soll, so lange erlernen Sie am besten gar keinen Beruf. Sonst werden Sie womöglich in

★
Level 1

eine falsche Richtung gedrängt, und das würde nicht nur Sie, sondern auch Ihre Familie und Ihren zukünftigen Arbeitgeber unglücklich machen.

Jedoch selbst dann, wenn Sie sich schließlich doch für einen Ausbildungsgang entschieden haben (vielleicht unter äußerem Druck), stehen Ihre Chancen auf eine erfolgreiche Arbeitslosigkeit nicht schlecht. Im Herbst 2007 waren 55 % aller Bewerber um einen Ausbildungsplatz in Nordrhein-Westfalen schon einmal - im Jahr zuvor oder früher - leer ausgegangen, berichtete die Rheinische Post. "Normale" Bewerber wohlgemerkt, nicht nur Aspiranten auf erfolgreiche Arbeitslosigkeit. Von den in diesem Jahr Abgelehnten hatten sogar 57 % bereits in einem oder mehreren Vorjahren Absagen kassiert. Das heißt, dass Sie sich nicht einmal besonders anstrengen müssen, um einem Ausbildungsvertrag vorzubeugen. Die Statistik allein beschert Ihnen beim ersten Mal eine traumhafte Verhütungsquote von mehr als 50 Prozent. Für den "Wiederholungstäter" steigt die Quote von Jahr zu Jahr, so dass auch die ganz Beharrlichen am Ende vor der Fruchtlosigkeit der Ausbildungsplatzsuche kapitulieren dürfen.

Aber Vorsicht, eine gute Quote ist noch keine Garantie! Sportlich gesehen zählt diese Herangehensweise nicht, denn das Resultat ist reiner Zufall. Unversehens könnten Sie sich plötzlich doch als Inhaber eines Ausbildungs- oder Studienplatzes wiederfinden. Spätestens jetzt benötigen

Sie wieder Ihre Strategie. Zwei erprobte Wege helfen Ihnen aus der Klemme. Zum einen können Sie die Sache endlos hinziehen - zum Beispiel indem Sie mehrmals das Studienfach wechseln oder indem Sie zwischendurch eine Familienpause einlegen. Der andere Weg besteht darin, abzubrechen - möglichst noch vor einer etwaigen Abschlussprüfung. Einfach abbrechen, weil es einem nicht gefällt, das ist natürlich nur etwas für Anfänger.

★ Level 1

Stefan H. fallen da schon plausiblere Gründe ein. Er gibt seine Ausbildung zum Hotelfachmann nach anderthalb Jahren auf, weil er zu viele Stunden arbeiten muss, auch abends und am Wochenende. Zudem werden ihm teilweise einfache Arbeiten zugemutet, wie Servieren, und manchmal muss er sogar beim Saubermachen helfen. Das ist Ausbeutung, das braucht Stefan sich nicht gefallen zu lassen.

★★ Level 2

Dafür, dass Karsten F. keinen Abschluss bekommt, obwohl er seine Ausbildungszeit als Krankenpfleger bereits hinter sich hat, ist nicht er selbst, sondern einer seiner Ausbilder verantwortlich. Nachdem dieser angedeutet hatte, Karsten werde den praktischen Teil der Prüfung vielleicht nicht bestehen, empfindet Karsten jeden Versuch als sinnlos und meldet sich zur Prüfung erst gar nicht an.

★★ Level 2

Auch Anna T.s Architektur-Diplom wurde ohne ihr Zutun durch einen böswilligen Professor vereitelt, indem dieser ihre Diplomarbeit mit "mangelhaft" bewertete. Dabei hatte sie ihr Architektur-Studium fast beendet, alle Pflicht- ★★ Level 2 veranstaltungen absolviert und alle Vorprüfungen bestanden. An ihrer Diplomarbeit fanden Anna T. selbst sowie ihre Freunde und Kommilitonen nichts auszusetzen. Aber da war nichts zu machen.

Sie meinen, Karsten F. und Anna T. hätten mit ihrem Ausbilder bzw. Professor eben einfach Glück gehabt? Dann machen Sie nur die Augen auf, und schon werden Sie auch so einen finden! Und weiten Sie Ihren Blick für die vielen sonstigen "Helfer"! Frau T. hätte zum Beispiel ihre Strategie noch verbessern können, wenn sie sich bemüht hätte, bei einem anderen Professor oder gar an einer anderen Hochschule ihren Diplomab- ★★★ Level 3 schluss zu erreichen. Jeder weiß, wie schwierig so etwas ist, gerade am Ende des Studiums - und vor diesen maßlosen Schwierigkeiten hätte sie dann reinen Gewissens kapitulieren können.

Oder machen Sie es wie Helmut S., der sich gezwungen sieht, mit 40 Jahren sein ★★★ Level 3 drittes begonnenes Studium aufzugeben, weil er die nach Alter gestaffelten, sehr hohen Studiengebühren nicht mehr aufbringen kann.

Auf jeden Fall lohnt es sich, seinen Berufsweg früh in die richtigen Bahnen zu lenken, denn ohne Ausbildung ist es sehr viel leichter, erfolgreich arbeitslos zu bleiben. Dabei bringt Ihnen der Abbruch kurz vor dem Ende mehr Punkte ein als der Abbruch gleich zu Beginn. Zum einen kann niemand Ihnen Faulheit vorwerfen, denn Sie haben schließlich mehrere Jahre hart für Ihren Abschluss gearbeitet. Und zum anderen gewinnen Sie Zeit: Um den Fehlschlag nach einem solchen Einsatz zu verkraften, brauchen Sie mindestens einige Monate, wenn nicht Jahre - und mit etwas Glück sind Sie dann schon zu alt, um eine neue Ausbildung zu beginnen.

Indessen wird Ihnen auch ein B. A. oder Diplom nur wenig schaden, wenn Sie lange genug studiert haben. Bestimmt können Sie mit jeder Menge Absagen rechnen, denn ab einem gewissen Alter führt der Mangel an Berufspraxis fast ebenso sicher in die Arbeitslosigkeit wie ein fehlender Berufs- oder Studienabschluss.

★★★
Level 3

Mit Berufspraxis

Etwas schwieriger wird es, wenn Sie vor der Arbeitslosigkeit schon erwerbstätig waren. Jedermann wird Sie fragen, warum Sie nicht wieder das machen, was Sie bisher oder früher schon einmal gemacht haben. Vielleicht gibt es gerade in diesem Berufsfeld zurzeit keinen Bedarf - dann haben Sie Glück gehabt.

Fortgeschrittene und Experten verlassen sich natürlich nicht auf das Glück, um arbeitslos zu bleiben - zumal die Nachfrage nach bestimmten Berufen ja jederzeit wieder ansteigen kann. Sie vertrauen auf ihre Strategie.

Ein schon bekanntes strategisches Prinzip erweist Ihnen hierbei erneut gute Dienste: Die Treue zu sich selbst. Iris B., 35 Jahre alt und gelernte Bürokommunikationskauffrau, möchte gerne etwas anderes machen als bisher und hat noch keine präzise Vorstellung, was das sein soll. Sie sieht auch wenig Sinn darin, darüber nachzudenken, denn sie glaubt nicht, dass sie in einem fremden Beruf überhaupt Chancen hätte. Daher wartet sie erst einmal ab, bevor sie anfängt, sich zu bewerben.

★★ Level 2

Als weiteres Prinzip hat sich eine gute Vorbereitung bewährt. Monika D., Diplom-Kauffrau, wurde nach 18 Jahren in einem Großkonzern entlassen. Sie plant, ihre Bewerbungsunterlagen in Ordnung zu bringen. Das geht aber nicht, weil ihr zurzeit nur der Computer ihres Mannes zur Verfügung steht, mit dem sie nicht besonders gut zurecht kommt. Sie möchte sich einen eigenen kaufen und dazu auch die aktuellsten Versionen sämtlicher Softwareprogramme, mit denen sie in ihrer alten Firma gearbeitet hat. Dafür muss sie jedoch erst einmal sparen. Angesichts ihrer Arbeitslosigkeit wird das eine Weile dauern.

★★★ Level 3

Barbara F., Programmiererin und 51 Jahre alt, ist seit einem Jahr arbeitslos. Wegen der derzeitigen Lage am Arbeitsmarkt, die Menschen in ihrem Alter kaum Chancen bietet, schreibt sie momentan keine Bewerbungen. Auch das Angebot einer Freundin lehnt sie ab, die in der Personalabteilung einer Firma arbeitet und ihr mit ihrer Bewerbungsmappe helfen will. Dennoch betont Barbara F. stets, wie gerne sie wieder Arbeit hätte und wie sehr sie sich bemüht. Auf eine mögliche Verbesserung der Arbeitsmarktsituation in der Zukunft bereitet sie sich jedenfalls schon einmal vor. Freunden und Familie erzählt sie stolz, dass sie sich beim Arbeitsamt eine Fortbildung "erkämpft" hat. Nach Abschluss dieser Maßnahme wird sie 53 sein. Ihre letzte Berufstätigkeit liegt dann - nach einem Jahr zu Hause und weiteren anderthalb Jahren in einer Fortbildung - fast drei Jahre zurück. Sollte sie nun keine Anstellung mehr finden, kann das nur auf den Vorurteilen der Arbeitgeber basieren - denn sie hat ja "gekämpft" und alles getan. ★★★ Level 3

Darüber hinaus kann Ihnen das Prinzip der Ehrlichkeit zustatten kommen. Ehrlich zu sein bedeutet, dass Sie Ihrem potenziellen Arbeitgeber rückhaltlos alle wichtigen Fakten über sich mitteilen - insbesondere diejenigen, die zu den Anforderungen des neuen Arbeitsplatzes im Widerspruch stehen.

Hildegard W., Werbekauffrau, hat kein Auto, um damit zur Arbeit zu fahren. Sie wohnt weit außerhalb der Stadt; die An- ★ Level 1 fahrt mit öffentlichen Verkehrsmitteln würde darum verständlicherweise zu lange dauern.

★ Level 1

Bernhard J., Chemielaborant, besitzt einen jungen Berner Sennenhund, mit dem er mehrmals täglich längere Spaziergänge machen muss. Er sieht keine Chance, das mit den festen Arbeitszeiten zu vereinbaren, die eine Anstellung mit sich brächte.

★ Level 1

Waltraud G. hat einen riesigen Garten mit Zier- und Nutzpflanzen, dessen Pflege und Bewirtschaftung viel Zeit verschlingt.

★★ Level 2

Herbert Q. ist Langschläfer - eine angeborene, leider unabänderliche Eigenheit. Welches Unternehmen wird schon bereit sein, dies in seiner Arbeitszeitgestaltung zu berücksichtigen?

★★ Level 2

Werner K. hat ausgerechnet, wie viel er wohl verdienen müsste, damit die Erwerbstätigkeit ihm unterm Strich ein höheres Einkommen brächte als die Arbeitslosigkeit. Er kommt auf eine Summe, die deutlich über den in seiner Branche üblichen Gehältern liegt.

Wenn Sie intensiv darüber nachdenken, fallen Ihnen bestimmt noch mehr solcher Fakten ein, die eine Arbeitsaufnahme für Sie erschweren oder gar unmöglich machen. Versäumen Sie niemals, potenzielle Einsteller direkt beim ersten Kontakt eindringlich auf diese Dinge hinzuweisen, denn der Arbeitgeber hat doch schließlich ein Recht, derlei Wichtiges frühzeitig zu erfahren.

Dauerhaft arbeitslos

Hildegard W., Herbert Q. und die Anderen demonstrieren einleuchtend, wie leicht ein strategisch bedachtes Vorgehen sein kann. Beim geschickten Umgang mit Ihren Handicaps schlagen diese - wie beim Golfspiel - auch bei einer Bewerbung nicht zu Ihrem Nachteil, sondern zu Ihrem Vorteil aus.

Als fortgeschrittenem Leser wird es Ihnen gelingen, mit noch subtileren Mitteln nachhaltige Wirkung zu erzielen. So wie Walter P., der im Einleitungssatz seines Bewerbungsanschreibens seine strategische Kunstfertigkeit beweist:

> "Am 30.06. letzten Jahres bin ich aus meiner bisherigen Firma ausgeschieden. Bisher waren meine Bemühungen um einen neuen Arbeitsplatz nicht erfolgreich. Ich habe mir nun überlegt, mich bei Ihnen zu bewerben, und bitte Sie, eventuelle Einsatzmöglichkeiten in Ihrem Hause zu prüfen."

★★★
Level 3

Walter P. beherzigt hier gleich zwei Prinzipien. Zum einen ist er ehrlich. Schon im ersten Satz erfährt der Leser, dass Herr P. arbeitslos ist ("bin ausgeschieden") und dass keine andere Firma ihn bisher haben wollte ("war bisher nicht erfolgreich"). Und zum Zweiten bleibt Walter P. er selbst, indem er nicht so tut, als hätte er eine besondere Vorliebe für die angeschriebene Firma. Implizit signalisiert er, dass er sich dort nur bewirbt, weil er woanders nicht erfolgreich war. Ihn trifft kein Verschulden, wenn der Arbeitgeber sein Bemühen nicht anerkennt und seine Bereitschaft nicht würdigt, sich auch mit einer Notlösung zufrieden zu geben.

Sie sehen also, wie Sie es durch konsequente Anwendung der hier vorgestellten Prinzipien schaffen können, langfristig ohne Anstellung zu bleiben. Wenn Sie aber ganz sicher gehen wollen, Ihr Ziel der dauerhaften Arbeitslosigkeit zu erreichen, dann darf noch ein zusätzliches, wesentliches Prinzip nicht fehlen: Geduld. Geduld lässt sich in jedem Stadium der Arbeitssuche einsetzen und hilft Ihnen zu vermeiden, dass Ihre Arbeitslosigkeit unverhofft vorzeitig beendet wird.

Der erfolgreiche Arbeitslose muss vor allem eins können: warten. Bevor Sie die erste Bewerbung schreiben, warten Sie, bis Sie wirklich ganz genau wissen, was Sie wollen. Vorher etwas anzufangen, wäre nicht zielführend.

Sollten Sie irgendwie dann doch Bewerbungen schreiben müssen, lesen Sie zuerst Kapitel 5 und Kapitel 6. Anschließend senden Sie eine oder zwei Bewerbungen ab und harren aus, bis die angeschriebenen Firmen sich melden. Sie haben ja nun eine oder zwei Stellen in Aussicht, so lange keine Absage eintrifft. Und bis dahin wäre es unfair, sich gleichzeitig bei weiteren Unternehmen zu bewerben und denen womöglich falsche Hoffnungen zu machen. Werden Sie nicht ungeduldig, wenn Antworten auf Ihre Bewerbungen ausbleiben - im für Sie günstigsten Fall kommen sie nie.

Sollten Sie allerdings zum Vorstellungsgespräch eingeladen werden, folgen Sie den Anregungen in Kapitel 8 dieses Buches. Nach dem Gespräch ist wieder Warten angesagt, bis die Firma Ihnen Bescheid gibt. Das kann dauern - einen Monat, zwei Monate oder bis ans Ende Ihres Lebens.

Kapitel 5

Es ist nicht alles Gold, was glänzt

Wie Sie sich schriftlich bewerben

„Wer schreibt, der bleibt", sagt eine geläufige Redensart. Und wer das Richtige schreibt, der bleibt erfolgreich arbeitslos. Die schriftliche Bewerbung ist auch heute noch das A und O bei der Jobsuche. Wenn Sie das beherrschen, kann Ihnen fast gar nichts mehr passieren.

Im Folgenden erfahren Sie alles Wissenswerte über Ihre Bewerbungsmappe und deren Inhalt. Das Anschreiben an Ihren möglichen neuen Arbeitgeber - ein Kernstück Ihrer Bewerbung, das besondere Techniken verlangt - sowie andere Wege der Kontaktaufnahme werden im nächsten Kapitel behandelt.

Die Mappe

Der Glanz Ihrer Bewerbungsmappe bringt auch Ihr Image zum Glänzen. „Weniger ist mehr" gilt hier nur für Anfänger. Da reicht dann eine Plastikhülle oder eine Büroklammer, die Ihre Unterlagen zusammenhält. Ohnehin lohnt der Aufwand nicht - denn wie die Erfahrung lehrt, werden die meisten Bewerbungen abschlägig beschieden. ★ Level 1 Darum können Sie auch einfach ein Sammelsurium loser Blätter in einen Umschlag stecken.

Eine normale Klemmmappe mit transparentem Deckel kommt natürlich für Sie nicht in Frage; das wäre viel zu einfallslos und würde Sie nicht vom Gros der Konkurrenten unterscheiden. Fortgeschrittene und Experten punkten mit dem Prinzip „Mehr ist mehr". Ruth A. benutzt eine dieser sehr teuren Mappen aus hochwertigem ★★ Level 2 Karton, die man zuerst zweimal aufschlagen muss, einmal nach links und einmal nach rechts, bevor man an den Inhalt gelangt. Folglich nimmt Ruth A.s Bewerbung fast die gesamte Schreibtischplatte des Empfängers ein und demonstriert in augenfälliger Weise ihre Wichtigkeit.

Bruno K., ein junger Jurist, der sich um seine erste Stelle als Rechtsanwalt bewirbt, hat seinen Lebenslauf in Leder binden lassen. (Leder mit Goldschnitt wäre vielleicht noch besser gewesen.) Da sieht der potenzielle neue ★★★ Level 3 Arbeitgeber doch sofort: Hier ist jemand, der sich Mühe gibt. Wie kleinlich müsste ein Einsteller sein, der angesichts eines solchen Engagements trotzdem noch die Aussagen im Lebenslauf kritisch bewertet?

Der Inhalt

Was gehört nun hinein in Ihre Mappe? Nach gängiger Praxis vieler Bewerber genügt ein Lebenslauf. Helga B., Versicherungsmathematikerin, war noch so entgegenkommend und bot dem Arbeitgeber an, er könne die restlichen Unterlagen bei Bedarf anfordern - obwohl in der Stellenanzeige ausdrücklich um die VOLLSTÄNDIGEN Unterlagen gebeten wurde. Sie als Stellenbewerberin hatte schließlich den ersten Schritt gemacht, indem sie ihre Offenheit für die ausgeschriebene Stelle bekundete - als Nächstes sollte nun wohl der Arbeitgeber seinerseits zeigen, wie groß sein Interesse war, und Bescheid geben, welche Papiere oder Angaben er noch von ihr benötigte. ★ Level 1

Eine schöne Variante kreierte Oliver F., der sich als Bürokaufmann in der Allgemeinen Verwaltung einer großen Immobiliengesellschaft bewarb. Er übersandte seine Bewerbungsunterlagen ohne Absender-Adresse und brachte damit die Personalabteilung richtig ins Schwitzen. Sie wussten nicht, wohin sie ihm seine Papiere zurück senden sollten, und zur Vorstellung hätten sie ihn auch nicht einladen können. ★ Level 1

Heinz D., ein Kandidat in einer Beschäftigungsgesellschaft, hatte einen noch ungewöhnlicheren Einfall. In seinen Bewerbungsunterlagen stand als Absender „Bernadette Muster". Das hatte er so aus einer Vorlage übernommen, die ihm zur Verfügung gestellt worden war. Eine Anweisung, dass er den Absender ändern sollte, war nicht dabei gewesen.

★ Level 1

Eberhard J. liefert dem Empfänger seiner Bewerbungsmappe alle Arbeits- und Ausbildungszeugnisse gleich mit. Er ist 45 Jahre, hat auf dem zweiten Bildungsweg seinen Abschluss als Diplom-Betriebswirt erworben und verfügt über eine Zusatzqualifikation als SAP-Spezialist. Bei sechs verschiedenen Firmen hat er schon Berufserfahrung gesammelt. Da die Herstellung so vieler Zeugniskopien eine kostspielige Angelegenheit ist, macht Eberhard J. sie nicht jedes Mal neu. Deshalb finden sich in seiner Mappe nicht nur verschiedene Papiersorten, sondern auch bereits Eselsohren, Knicke, Risse und sogar der eine oder andere Kaffeefleck. Das bleibt bei mehrfacher Verwendung nicht aus. Außerdem kann die Reihenfolge dabei leicht durcheinander geraten, und so wie gelegentlich ein Zeugnis doppelt erscheint, fehlt dafür ein anderes. Zuweilen findet sich stattdessen auch ein harmloses weißes Blatt, das mit aus dem Kopierer gerutscht ist.

★ Level 1

Mehr Wert auf das äußere Erscheinungsbild ihrer Unterlagen legt Janina N., die zuletzt als Vertragssachbearbeiterin in einem Energiekonzern tätig war. Sie macht jedes Mal neue Kopien, nicht nur von ihren Arbeits- und Ausbildungszeugnissen, sondern auch von den Bescheinigungen über ihre zahlreichen Fortbildungskurse: hier zwei Stunden Excel, da eine Stunde Windows XP ... So kommen locker 30 Dokumente zusammen. Der kleine Zuschuss der Arbeitsagentur zur Bewerbungsmappe reicht da nicht weit. Daher kann Janina N. sich nicht so oft bewerben. ★★ Level 2

Johannes L., ein studierter Germanist, von dem schon einige Texte gedruckt erschienen sind, antwortet auf das Stellenangebot eines Chemiekonzerns, der einen Leiter der Öffentlichkeitsarbeit sucht. Damit das Unternehmen sich ein unmittelbares Bild seiner Fähigkeiten machen kann, fügt er seiner Bewerbung nicht wie üblich eine Liste seiner Veröffentlichungen bei, sondern gleich die Druckstücke selbst - das heißt einen ganzen Karton voller Bücher, Zeitschriften, Broschüren und Faltblätter. Damit hebt er sich deutlich von den anderen Kandidaten ab, und die Personalabteilung wird sich mit Sicherheit noch lange an seine Bewerbung erinnern. ★★ Level 2

Ebenso wie an diejenige von Petra V., die eine Ausbildung bei einer großen Bank anstrebt. Sie überrascht den Empfänger ihrer Bewerbung mit einem zwei Kilogramm schweren Stein, den sie in ihr Anschreiben eingewickelt hat, und zwar mit den Worten „Ich bringe einen Stein ins Rollen ..." Damit zeigt sie die in so vielen Einstellungstests und Anforderungsprofilen verlangte Kreativität. Personalverantwortlichen, die eine solche ungewöhnliche Idee nicht zu schätzen wissen, fehlt ★★★ Level 3 wohl die nötige Fachkompetenz.

Nehmen Sie diese Beispiele als Anregung für Ihren persönlichen Weg in die erfolgreiche Arbeitslosigkeit und lassen Sie Ihrem Erfindungsreichtum freien Lauf. Der Aufwand, den Sie treiben, liefert Ihnen ganz nebenbei einen für

★★★
Level 3

jedermann einsichtigen Grund, die Anzahl Ihrer Bewerbungen überschaubar zu halten. Als Heiner T.s Freundin ihn ermuntern will, sich häufiger zu bewerben, hält er ihr im Brustton der Empörung entgegen: „Weißt du eigentlich, was so eine Mappe kostet???" Diesen Satz können auch Sie vielfältig verwenden und die Mappe je nach Bedarf ersetzen durch: „so eine Lederbindung / all die Bücher / so ein Paket mit einem Stein".

Das Foto

Nichts spricht gegen ein preiswertes Automatenfoto im Briefmarkenformat. Der richtige Platz ist dann die rechte obere Ecke vom Lebenslauf - diesen Hinweis hat Bernd O. jedenfalls in einem Be-

★
Level 1

werbungsratgeber entdeckt. Dass die Büroklammer, die sein Foto dort festhält, sein Gesicht nicht gerade verschönert, ist leider nicht zu vermeiden und kann nicht ihm zur Last gelegt werden.

So eine Büroklammer kann sich freilich auch lösen. Das Foto fällt dann herunter und landet

Ich bringe einen Stein ins Rollen …

schließlich in dem Häuflein herrenloser Bewerberfotos, das den Schreibtisch eines jeden Personalers ziert und von denen er nicht weiß, zu wem sie gehören. In so etwas sieht Bernd O. aber nur ein weiteres Indiz für die schlampige Arbeitsweise von Personalabteilungen, in der letztlich die Ursache dafür liegt, warum ein qualifizierter Bewerber wie er nicht eingestellt wird.

Für den Geschmack von Kai G., einem Diplom-Wirtschaftsingenieur, der eine Position als Geschäftsführer anvisiert, scheint ein Automatenfoto zu klein. Er entscheidet sich für die 10 mal 15 cm große Ablichtung durch einen professionellen Fotografen, der Kai G. in einem dunklen Anzug vom Kopf bis zur Taille porträtiert. Mit seiner Körperhaltung - in die Brust geworfen, das Kinn hochgereckt - und mit seinem entschlossenen Gesichtsausdruck sieht Kai G. aus wie ein Ex-Offizier (was er übrigens auch ist) und macht unübersehbar seinen Führungsanspruch deutlich.

★★★ Level 3

Noch größer präsentiert sich Werner A.: Ein Ganzfoto im DIN A4-Format. Um Geld zu sparen (als Arbeitsloser verfügt man schließlich über keine Reichtümer), hat er es eingescannt und auf normalem Papier ausgedruckt. Natürlich kann der Ausdruck sich in der Qualität nicht mit einem Fotoabzug messen und rollt sich überdies ein wenig. Das Bild zeigt Werner A. in voller Größe, wie er in seinem Vorgarten neben seinem frisch gewaschenen Opel steht, und zwar in feinster Doppelripp-Unterwäsche. So lässt sich erkennen, dass die leichten Speckfalten in der Bauchgegend gar nicht so massiv sind, wie sie unter der Oberbekleidung vielleicht gewirkt hätten. Sich eigens für die Kamera fein herauszustaffieren und ein künstliches Lächeln aufzusetzen, das empfände Werner A. als unter seiner Würde.

★ Level 1

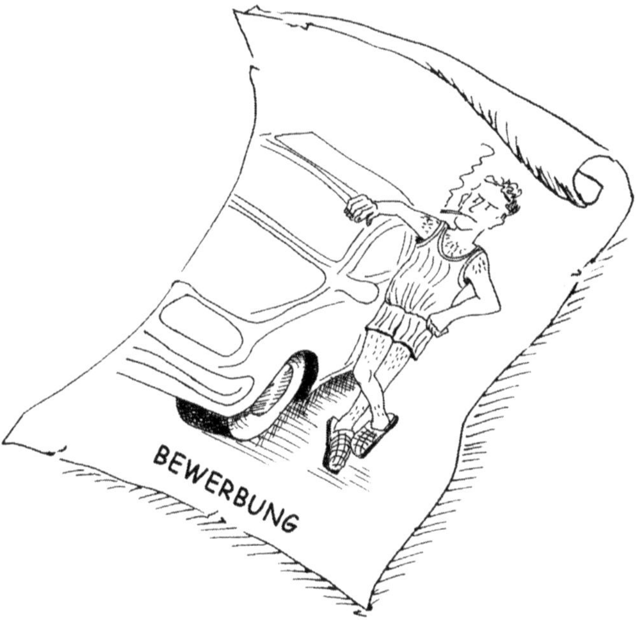

Werner A. liebt die persönliche Note

Dennoch sei Ihnen empfohlen, auf Ihren Bewerbungsfotos Oberbekleidung zu tragen. Sonst könnte womöglich noch jemand auf die Idee kommen, Sie wollten in Wirklichkeit gar nicht eingestellt werden.

Beate U. hat gerade kein passendes Foto zur Hand. An die Dienstleistungsgesellschaft, bei der sie sich als Geschäftsleitungs-Sekretärin bewirbt, schreibt sie: „Ein Lichtbild habe ich nicht, aber

★★ Level 2

Sie können mir glauben, hässlich bin ich auch nicht."

Brigitte M., 35, zuletzt Leiterin des Rechnungswesens, weiß ebenfalls, dass attraktive Bewerber mehr Chancen haben als weniger attraktive. Also posiert sie für ihr Bewerbungsfoto in einem grünseidenen Kleid und schaut brillenlos in die Ferne, mit sehnsüchtig-verträumtem Blick wie Scarlett O'Hara auf dem Filmplakat zu „Vom Winde verweht". Dabei trägt sie im Alltag ständig eine Brille, um richtig sehen zu können. Ein möglicher Arbeitgeber dürfte zwar etwas Mühe haben, sie wiederzuerkennen, wenn er ihr im Vorstellungsgespräch von Angesicht zu Angesicht gegenüber steht. Aber was bedeutet das schon im Vergleich zu den Anstrengungen, die Brigitte M. unternommen hat, um überhaupt zu diesem Vorstellungsgespräch zu kommen?

★★★ Level 3

Marita S. ist 25 Jahre alt und sehr attraktiv. Ihre Bewerbungen versendet sie mit ihren hübschesten Fotos - eins vom letzten Strandurlaub im Bikini und das andere von einer Party im Minikleid. Sie bekommt viele Vorstellungstermine, stellt aber fest, dass sie während der Gespräche oft angebaggert oder sogar betatscht wird. Vermutlich hat man sie nur auf Grund ihres phänomenalen Aussehens hergebeten, und die sexistischen Übergriffe sind der eigentliche Zweck der Einladung. Nach derlei Erfahrungen hat sie selbstverständlich Angst vor einer Wiederholung

★★ Level 2

und stellt deshalb ihre Bewerbungsaktivitäten endgültig ein. Niemand kann sie dafür tadeln. Zumindest sollte sie ihre Bewerbungen so lange auf Eis legen, bis ihre Attraktivität unter dem Einfluss des natürlichen Alterungsprozesses deutlich abgenommen hat. ★★★ Level 3

Wenn Sie allerdings von vornherein hundertprozentig sicher sein wollen, dass Ihr neuer Arbeitgeber Sie nicht nur wegen Ihrer guten Figur einstellt, um Sie dann zu begrapschen oder Ihnen noch Schlimmeres anzutun, dann ist es am besten, wenn Sie das Foto bewusst weglassen. Damit liegen Sie voll im Trend neuerlicher Bemühungen um Chancengleichheit, die bereits jetzt im Gesetz zur Allgemeinen Gleichbehandlung (AGG) festgelegt sind und in Zukunft durch noch strengere Regelungen untermauert werden sollen. Da niemand wegen seiner geschlechtlichen Ausrichtung, Nationalität, Religion oder seines Gesundheitszustandes benachteiligt werden darf, ist es Arbeitgebern untersagt, von Bewerbern diesbezügliche Angaben zu verlangen. Damit entfällt folgerichtig auch das Foto, so dass Aussehen, Alter und Geschlecht keinen Anlass zu einer Diskriminierung geben können. Ein zusätzlicher Vorteil für Sie liegt darin, dass Sie durch den Wegfall von Fotos eine Menge Geld sparen.

Der Lebenslauf

Ebenso wie das Foto ist auch der Lebenslauf von besonderer Bedeutung. Sicher haben Sie in Ihrer Schulzeit einmal gelernt, wie man ein solches Dokument erstellt. Oder Sie haben es irgendwo gelesen, beispielsweise in einem kostenlosen Bewerbungsleitfaden der Krankenkasse. Geld für Bewerbungsratgeber brauchen Sie nicht extra auszugeben: jeder Autor empfiehlt etwas anderes, und am Schluss wissen Sie doch nicht, wie Sie es machen sollen.

Horst C. hat seinen alten Lebenslauf noch, den er in der achten Klasse erstellen musste. Er beginnt mit den Namen und Berufen seiner Eltern und endet mit seinen Hobbys, Schwimmen und Lesen. Das übernimmt er nun und schreibt dazwischen - in chronologischer Reihenfolge - alle seine beruflichen Stationen. Zwar hat er gehört, man solle heute die umgekehrte Chronologie benutzen und die letzte Arbeitsstelle als erste aufführen. Das ignoriert er aber, denn die altbewährte Form kann nicht falsch sein.

★ Level 1

Sie können sich allerdings auch nach einer beliebigen Vorlage richten und auf dieser Grundlage Ihren eigenen Stil entwickeln. Dabei werden Ihnen die beiden erwähnten Prinzipien „Weniger ist mehr“ und „Mehr ist mehr“ wiederum gute Dienste leisten. Entscheiden Sie selbst, welche der beiden Verfahrensweisen sich für Ihren Weg in die erfolgreiche Arbeitslosigkeit besser eignet. Ein Beispiel für „Weniger ist mehr" gibt Victoria N. Auf der nächsten Seite finden Sie einen Auszug aus ihrem Lebenslauf, mit dem sie sich als Sekretärin bewirbt.

Frau N. bedient sich hier einer ganzen Reihe von nachahmenswerten Kniffen: Beispielsweise schreibt sie Wörter, die sich auch abkürzen lassen, nicht aus. In der Kürze liegt schließlich die Würze. Auch die korrekten Firmennamen würden nur für unnötige Länge sorgen. Eine Minimalbezeichnung genügt; diese Firmen kennt ja wohl jeder.

★ Level 1

Ob und welchen Schulabschluss sie erworben hat, erwähnt sie nicht; das liegt schon so lange zurück. Der Name des Unternehmens, bei dem sie ausgebildet wurde, tut heute - 40 Jahre später – ebenfalls nichts mehr zur Sache.

Die Daten in ihrem Lebenslauf sind lückenlos, so wie es sein soll. Allerdings sind nur Jahreszahlen und nicht die Monate angegeben. Sollte irgend so ein Buchhalter-Typ das eventuell genauer wissen wollen, muss er eben fragen. Welche Aufgaben Victoria N. in den einzelnen Firmen hatte, kann den beigefügten Zeugnissen entnommen werden, falls es interessiert. Bei den zwei letzten Stationen führt sie ja immerhin den Unternehmensbereich auf. Bei wem und für was sie „freie Mitarbeiterin" war, geht nun wirklich keinen etwas an - schließlich muss sie

PERSÖNL. DATEN

Name:	Victoria N.
Geb.-Datum:	29. März 1951
Geb.-Ort:	Essen

SCHULBILDUNG

1957 - 1965	VS, Essen
1965 - 1967	Kfm. Unterrichtsanst., Essen

★ Level 1

BERUFL. WERDEGANG

1965 - 1968	Ausbild. z. Großhandelskffr.
1968 - 1969	Kfm. Ang. im Ausbildungsbetrieb
1969 - 1971	Volksbank, Essen
1971 - 1975	RWE, Essen
1975 - 1976	Rheinstahl, Hamburg
1976 - 1977	Buderus, Essen Finanz-Rechnungswesen
1978 - 2002	Solvay Deutschland GmbH, Solingen Personalabteilung
2002 - heute	freie Mitarbeiterin

gegenüber ihren Kunden den Datenschutz beachten. Mit diesem Lebenslauf hat Victoria N. bisher nur wenige Vorstellungstermine und kein einziges Arbeitsangebot erhalten.

Auch junge Menschen, die noch keine Berufserfahrung haben, können das Prinzip „Weniger ist mehr" anwenden. Die meisten Schüler beherrschen diese Kunst ohnehin ziemlich gut. Der Lebenslauf von Mirko P. wartet mit folgenden Angaben auf:

1996 - 2000	Besuch der Grundschule
2000 - heute	Besuch des Albert-Einstein-Gymnasiums

★ Level 1

Das genügt ihm. Wozu Leistungskurse, Lieblingsfächer, Noten angeben? Was besagen diese Dinge schon, das kann sich ja alles noch ändern.

Wenn Sie während der Schulzeit ein Praktikum gemacht oder sich durch irgendeinen Job Ihr Taschengeld aufgebessert haben, erwähnen Sie höchstens die Tatsache, keinesfalls aber wo, als was und wie lange. Für eine Firma, die Ausbildungs- oder Praktikumsplätze zur Verfügung stellt, wirken mit dieser Art von Lebensläufen alle Schüler absolut gleich. Wenn also ein anderer Bewerber Ihnen vorgezogen wird, ist das auf jeden Fall ungerecht.

★★ Level 2

Geübtere unter den jungen Lesern können

als Unterscheidungsmerkmal noch ihre Hobbys in den Lebenslauf mit aufnehmen. Elisa T. schreibt zum Beispiel unter Hobbys: Ballett. Dass sie dieses „Hobby“ insgesamt 10 Jahre lang ausgeübt, schwierige Prüfungen abgelegt und ein Diplom als Ballett-Ausbilderin erworben hat, darüber verliert sie kein Wort - ebenso wie über ihre Mitwirkung an zahlreichen öffentlichen Operetten- und Tanzaufführungen, bei denen sie neben Profi-Darstellern auf der Bühne stand. Es ist ja nur ein Hobby und bedarf keiner detaillierten Darstellung.

★★ Level 2

Das Prinzip „Mehr ist mehr“ hingegen kann für Schüler bedeuten, die Namen, Geburtsdaten und Berufe ihrer Eltern zu vermerken und darüber hinaus die Daten all ihrer Geschwister.

★ Level 1

Ebenfalls mehr als die anderen tut Arne G., ein 47-jähriger LKW-Fahrer. Er holt fachkundigen Rat ein und überschreibt seinen Lebenslauf dann mit „Curriculum vitae“.

★★★ Level 3

Frank R., 40 Jahre und Elektroinstallateur, listet nach demselben Grundsatz in seinem lückenlosen Lebenslauf alle Zeiten auf, in denen er einmal arbeitslos war - auch wenn es sich dabei nur um wenige Monate handelt. Das liest sich zwar nicht so gut, aber es gilt ja ehrlich zu sein. Wenn der Arbeitgeber lieber einen fleißigen als einen ehrlichen Mitarbeiter haben will, dann stimmen seine Wertvorstellungen nicht mit denen von Frank R. überein, und ein eventuelles

★★ Level 2

Arbeitsverhältnis würde ohnehin daran scheitern.

Um unnötige Diskussionen zu vermeiden, können Sie schwierige Zeiten auch einfach auslassen. Dabei bleibt allerdings die Eleganz auf der Strecke - nur Anfänger lassen Leerstellen im Lebenslauf.

★ Level 1

Im Sinne der Ehrlichkeit sollten Sie sich daher auch nicht scheuen zu erwähnen, dass Sie zum Beispiel Ihr Studium abgebrochen haben, wegen Diebstahl entlassen wurden oder einige Zeit im Gefängnis verbringen mussten.

Rüdiger F., ein 39-jähriger Verkaufsleiter, beschreibt ausführlich seine Aufgaben in allen bisherigen Firmen. Sein Lebenslauf ist 10 Seiten lang. Einem Einsteller, der seinen potenziellen neuen Mitarbeiter wirklich kennen lernen will, kann das nicht zu viel sein.

★★★ Level 3

Tanja S. hat das Gleiche ausprobiert, fand ihren Lebenslauf anschließend jedoch zu lang. Deshalb hat sie jetzt im Lebenslauf nur ihre Stationen aufgezählt (ähnlich wie im obigen Beispiel von Victoria N.) und für ihre Aufgaben ein gesondertes Dokument erstellt. Das Ganze wird dann noch ergänzt durch ein Profil, in dem sie ihre Stärken beschreibt. So hat ein Leser der Unterlagen alle Informationen, die für ihn wichtig sind. Zwar muss er immer hin und her blättern und umständlich suchen, wenn er wissen will, was Tanja S. in einem bestimmten Unternehmen

★★★ Level 3

zu tun hatte. Aber da die Bewerberin sich so viel Mühe gemacht hat, kann sie mit Fug und Recht von ihrem zukünftigen Arbeitgeber erwarten, dass auch er ein bisschen Einsatz zeigt.

Ein schönes Beispiel nach dem Prinzip „Mehr ist mehr" bietet der Lebenslauf von Hans E. (siehe folgende Seite). Der 34-jährige Diplom-Kaufmann mit dem Schwerpunkt Controlling bewirbt sich nach dem mit einer „Drei" bestandenen Examen bei einem Rückversicherer als Trainee. Ausführlich schildert er die Geschichte seiner Eheschließung. Schließlich war das Heiraten ein für sein weiteres Leben überaus bedeutsames Ereignis, und dafür sollte sich ein Arbeitgeber schon interessieren, wenn ihm seine Mitarbeiter auch menschlich am Herzen liegen. Leider hat Hans E. noch vergessen, die Zahl der Gäste zu erwähnen sowie deren Alter, Geschlecht und Nationalität.

Die Zeugnisse

Welche Zeugnisse reichen Sie mit Ihrer Bewerbung ein? Zunächst sei darauf hingewiesen, dass dies eine durch und durch deutsche Frage ist. In keinem anderen Land der Welt gibt es Arbeitszeugnisse in der Form, wie sie in Deutschland üblich und durch eine umfangreiche Rechtsprechung abgesichert sind.

PERSÖNLICHE DATEN	
Name:	Hans E.
Geburtsdatum/-ort:	30. April 1975 in Stuttgart
Mutter:	Maria E., geborene S., geboren am 1. Juli 1947 in Werl, Rechtsanwaltsgehilfin
Vater:	Heinrich E., geboren am 5. August 1941 in Stuttgart, Diplom-Ingenieur
Ehefrau:	Julia E., geborene M., geboren am 13. September 1977 in Wesel, Diplom-Grafikerin
19.10.2006	Verlobung
25.10.2006	Verlobungsfeier in der Gaststätte Maier, Stuttgart
08.02.2007	Aufgebot bestellt beim Standesamt Stuttgart-Nord
07.03.2007	Polterabend
08.03.2007	standesamtliche Trauung beim Standesamt Stuttgart-Nord
15.03.2007	kirchliche Trauung in der Herz-Jesu-Kirche, Stuttgart
15.03.2007	Hochzeitsfeier im Kolping-Saal, Stuttgart

★ Level 1

Darüber hinaus bestehen ernsthafte Zweifel am Nutzen solcher Arbeitszeugnisse. In einer Umfrage unter 256 Personalberatern gaben 37,8 % an, den in Arbeitszeugnissen getroffenen Aussagen nur geringen oder gar keinen Wert beizumessen (Scheer 1995). Das hängt zum Teil damit zusammen, dass die richtige Auslegung eines Zeugnisses eine Wissenschaft ist, von der nur wenige etwas verstehen. In der zitierten Untersuchung wurden den Fachleuten mehrere Zeugnisformulierungen vorgelegt, deren Gehalt sie mit einer Schulnote bewerten sollten. Im Ergebnis kamen (für ein und denselben Satz!) alle Noten vor, von „sehr gut" bis „mangelhaft".

Wenn Sie also den Wert von Zeugnissen in Frage stellen, wissen Sie sich einig mit zahlreichen Arbeitsmarkt-Experten. Außerdem müssen Sie nach Stand der Dinge befürchten, dass - wenn überhaupt - nur ein geringer Prozentsatz der Adressaten Ihr Zeugnis richtig versteht. Vor diesem Hintergrund ist es sicher nicht unklug, wenn Sie Ihre Zeugnisse einfach weglassen. Verbohrten Prinzipienreitern unter den von Ihnen kontaktierten Personalleuten können Sie die Zeugnisse ja auf Anfrage nachliefern.

★★ Level 2

Andererseits können Sie getrost auch all Ihre Zeugnisse einreichen, insbesondere da die Rechtsprechung den Arbeitgebern ja verbietet, etwas Negatives hinein zu schreiben. Oder Sie können eine Auswahl treffen. Bei Ihrer Auswahl können

Sie logisch vorgehen: ★★★ Level 3

- nur die neuesten Zeugnisse,
- nur die älteren Zeugnisse, ★ Level 1
- oder Sie können diejenigen Zeugnisse auswählen, die näher an Ihrem rechten Fuß zu liegen kommen, wenn Sie den ganzen Stapel in die Luft werfen. ★★ Level 2

Die Online-Bewerbung

Der moderne Bewerber nutzt selbstverständlich auch die Möglichkeiten des „World Wide Web“. Wenn Sie zu Hause keinen Internet-Anschluss haben, bietet die Arbeitsagentur Ihnen spezielle Arbeitsplätze an, von wo aus Sie sich online bewerben können.

Haben Sie eine anonymisierte E-Mail-Adresse wie der 52-jährige Abteilungsleiter Manfred H. (manniey@web.de) oder die 37-jährige Webdesignerin Jana W. (chantal906090@hotmail.com)? ★ Level 1 Kein Problem! Ihren richtigen Namen und Ihre Adresse brauchen Sie hier zunächst nicht anzugeben. Das Unternehmen hat ja Ihren E-Mail-Absender, um mit Ihnen zu kommunizieren.

Das oberste Prinzip im Internet lautet: „einfach und schnell“. Das mühselige und zeitaufwendige Einscannen von Zeugnissen, Bewerbungsfotos und dergleichen mehr liefe dem zuwider. ★ Level 1 Ein Anschreiben reicht. Weitere Unterlagen erhält der Adressat auf Wunsch. Wenn Sie es dem Arbeitgeber besonders bequem machen möchten, fügen Sie noch Ihren Lebenslauf bei. Michael D. hingegen legt besonderes Interesse und Engagement an den Tag, scannt ALL seine Unterlagen ein und sendet sie mit: Lebenslauf, Foto sowie 17 Zeugnisse und Bescheinigungen. Dazu benutzt er ein auf seinem Rechner installiertes Software-Programm, das er einmal als kostenlose Beigabe zu einem PC-Spiel erhalten hat. Von einem großen Unternehmen darf er wohl erwarten, dass diese Software dort auch vorhanden ist oder zumindest entsprechende Konvertierungsmöglichkeiten zur Verfügung stehen. Außerdem sollte ihm niemand verübeln, wenn ihm bei so viel technischer Frickelei die Dateien ein wenig durcheinander geraten.

★★★
Level 3

Kapitel 6

Auf jeden Topf passt ein Deckel

Wie Sie Kontakt zu Arbeitgebern bekommen

Ihre Bewerbungsmappe ist fertig, und nun fragen Sie sich, an wen Sie sich wenden können, um keinen Job zu finden? Für dieses Anliegen ist nach wie vor die Arbeitsagentur eine erste Adresse. Bei dieser Behörde ist nur ein Zehntel der Mitarbeiter überhaupt mit Vermittlung beschäftigt, und Erfolge sind kaum nachweisbar. Über 80 Prozent aller Arbeitsaufnahmen kommen ohne Mitwirkung der Agentur zustande (Spiegel 2005). Daran konnten auch die Hartz-Reformen nichts ändern. Trotz eines leichten Rückgangs der Arbeitslosenzahlen durch den Wirtschaftsaufschwung 2007 blieb die Zahl der Langzeitarbeitslosen nahezu konstant. Die neuen, enorme Kosten verschlingenden Instrumente zur Jobförderung - Personal-Service-Agenturen, Ich-AGs, Vermittlungsgutscheine und Ein-Euro-Jobs - brachten keine steigenden Vermittlungszahlen (Spiegel 2003 und 2005). Allerdings bieten sie dem gut informierten erfolgreich Arbeitslosen ein zusätzliches Betätigungsfeld.

Die Arbeitsagentur

Sie sind über 40? Dann ist der Zug ohnehin bereits ohne Sie abgefahren. Die Agentur kann nichts mehr für Sie tun. Eine diesbezügliche Presseerklärung - mit Statistiken, Zahlen und Fakten untermauert - erschien 2005 in deutschen Tageszeitungen unter der Überschrift: „Arbeitsagentur kapituliert bei älteren Arbeitslosen".

Als unter 40-Jähriger haben Sie allerdings vielleicht schon erlebt, dass die Arbeitsagentur Sie mit einer Menge an „Deckeln" überschwemmt hat, die nicht auf Sie als „Topf" passten. So wie Norbert K., ein junger Projektmanager mit einem Monatsgehalt von 6.000 Euro. Nahezu täglich flatterten ihm Angebote der Agentur ins Haus, wo für Stände vor Kaufhäusern und dergleichen eine Art „Marktschreier" gesucht wurde, um Dinge wie Putzschwämme oder Modeschmuck an die Laufkundschaft zu bringen. Dass das Gehalt für diese Jobs nicht einmal die Hälfte seines vorherigen Einkommens betrug, braucht wohl nicht ausdrücklich erwähnt zu werden.

Dem Arbeitsberater war kein Vorwurf zu machen. Die vergeblichen Vermittlungsversuche hatte Norbert K. sich selbst zuzuschreiben, denn er hatte als sein Berufsfeld allgemein „Marketing und Vertrieb" angegeben. Woran sollte der Beamte da die unpassenden Angebote erkennen? Von der Devise „Weniger ist mehr" muss deshalb im Umgang mit der Agentur abgeraten werden. Auch mit einer genauen Angabe würden Sie dort noch zu viel Aufwand verursachen. Seien Sie nett zu Ihrem Berater und helfen Sie ihm, indem Sie Ihren Beruf GANZ genau definieren. Dann passt praktisch keine offene Stelle auf Sie, der ohnehin überlastete Vermittlungsbeamte muss Ihnen nichts schicken und ist dankbar, weil er nicht so viel Arbeit mit Ihnen hat.

Die gelernte Sekretärin zum Beispiel lässt sich als „Wirtschaftsprüfungs-Assistentin (international)“ vermitteln, der Lagerarbeiter als „Verladehelfer für besonders gekennzeichnete Spezialgüter“, und Norbert K. berichtete seinem Vermittler, er sei bisher als „Marketing-Manager für Telekommunikations-Dienstleistungen“ beschäftigt gewesen und suche wieder eine gleichartige Stelle. Anscheinend begriff der Arbeitsberater daraufhin, dass Norbert K. doch kein so einfacher Fall war wie zunächst angenommen. Jedenfalls erhielt Norbert K. danach kein einziges Arbeitsangebot mehr.

★★★
Level 3

Die Bewerbung auf Stellenangebote

Nun steht es Ihnen natürlich frei, sich ohne Zutun der Arbeitsagentur eigenständig auf Stellenangebote in der Presse und im Internet zu bewerben. Auch dieser Weg belegt einen Spitzenplatz im Wettbewerb um keinen Job. Die

Konkurrenz ist einfach zu groß, zumal bekannte Unternehmen durchschnittlich etwa zweihundert Bewerbungen auf eine ausgeschriebene Stelle erhalten. Manchmal sind es auch achthundert, tausend oder gar zehntausend (bei einer Großanzeige der Telekom). Da müssten Sie schon allein nach dem Gesetz der Wahrscheinlichkeit erst einmal zweihundert Bewerbungen schreiben, damit Sie ein einziges Mal zum Zuge kommen. Wenn Sie darüber hinaus noch einige Vorschläge aus diesem Büchlein beachten, können Sie sich getrost bis ans Ende Ihrer Tage auf Stellenangebote bewerben, ohne jemals in die Verlegenheit einer Arbeitsaufnahme zu kommen. Gleichzeitig können Sie sich mit gutem Grund darüber beklagen, wie schwer es Arbeitslosen heutzutage gemacht wird und wie aussichtslos Ihre Lage ist.

Zu der Bewerbung auf ein Stellenangebot gehört normalerweise ein Anschreiben, und ein richtig pfiffiges Anschreiben ist eine Kunst für sich. Ganz frisch gebackene Arbeitslose dürfen ihre Bewerbungsmappe auch einfach ohne Kommentar an die inserierende Firma schicken. Die nächste Stufe wäre ein Standard-Anschreiben, das Sie immer verwenden, egal um welche Firma oder Stelle es geht.

★ Level 1

★★ Level 2

Formal gestalten Sie den Brief natürlich nach Ihrem eigenen Geschmack. Woher sollten Sie auch die DIN 5008 für Geschäftsbriefe kennen? Rechtschreib- und Grammatikfehler unterlaufen

Ihnen bei Ihren vielen Bewerbungen eben schon einmal. Als erfolgreicher Arbeitsloser haben Sie reichlich zu tun und nicht genug Zeit, um sich jeden Brief fünf Mal durchzulesen. Auf fehlerfreies Deutsch dürfte es (gerade im Zeitalter von „Pisa") wohl kaum ankommen, falls Sie nicht ausgerechnet als Texter oder Korrektor arbeiten wollen. Insbesondere dann, wenn Sie eine Position im Management anstreben, ist für Rechtschreibung und Grammatik ja wohl später Ihre Sekretärin zuständig und nicht Sie.

★ Level 1

Jens P., ehemaliger Abteilungsleiter, schreibt seine Bewerbungsbriefe mit der Hand. Er kann sich schließlich nicht eigens für die Jobsuche einen Computer kaufen. Wie der Adressat es schafft, seine Handschrift zu entziffern, ist dessen Angelegenheit. Die individuelle Schrift ist ein Persönlichkeitsmerkmal, und niemand kann von Jens P. verlangen, diese zu verstellen.

★ Level 1

Er beginnt seinen Brieftext mit „Die angebotene Stelle interessiert mich sehr ..." Ebenfalls allgemein beliebt ist die Einleitung: „Sie sind mir als führendes Wirtschaftsunternehmen bekannt." Das passt immer, und welcher Arbeitgeber würde sich hier nicht geschmeichelt fühlen, selbst wenn es sich um eine kleinere Firma handelt?

★ Level 1

★★ Level 2

Weisen Sie ausdrücklich darauf hin, dass Sie alle Anforderungen der Stelle erfüllen. Ersparen Sie sich Details, welche Anforderungen das sind und wodurch Sie sie erfüllen. Das würde sowohl Sie als auch den Arbeitgeber nur unnötig Zeit kosten. Margret D. entscheidet sich für den folgenden Satz: „Mein Lebenslauf steht für kontinuierliche Weiterentwicklung, Lernfähigkeit und Kreativität."

★★ Level 2

Wenn Sie ganz augenscheinlich die im Stellenangebot aufgelisteten Kriterien NICHT erfüllen, dann kann das nur daran liegen, dass das Unternehmen zu hohe Ansprüche stellt. Karsten G. antwortet zum Beispiel auf eine Ausschreibung, in der Erfahrung in der Metallbranche verlangt wird: „Ich traue mir die Bewältigung dieser Aufgabe auch ohne Branchenkenntnisse zu."

★★ Level 2

Darüber hinaus betont Karsten G. in seinem Schlusssatz noch einmal mit Nachdruck, welchen Wert er der Firma anbietet: „Ein baldiges persönliches Gespräch lohnt sich auf jeden Fall für Sie!" Wenn Sie diesen schönen Satz selbst verwenden möchten, vergessen Sie dabei auf keinen Fall das Ausrufezeichen!

Machen Sie auf der anderen Seite IHRE Wünsche und Bedürfnisse ausdrücklich klar. Sie bewerben sich, weil Sie sich von einem Großunternehmen wie dem, an das Sie gerade schreiben, einen sicheren Arbeitsplatz, ein gutes Einkommen und hervorragende Entwicklungschancen versprechen.

★★ Level 2

Klaus L. legt besonderen Wert auf das Einkommen:

„Meine Bewerbung bei Ihnen erfolgt deshalb, weil ich < Bankkaufmann mit juristischer Zusatzausbildung > infolge der seit dem 1. Juli 2005 geltenden gesetzlichen Bestimmungen für die Vergütung von Berufsbetreuern, welche Kranke, Alte und behinderte Menschen in Betreuungs-Angelegenheiten unterstützen < früher ‚Vormundschaft' > so stark reduziert wurden, dass Umsatzeinbußen von etwa 70 bis 80 Prozent im Vergleich zu den Vorjahres-Monaten zu verzeichnen waren. Diese erhebliche Lücke gilt es, nunmehr wieder kurzfristig zu schließen."

★★★ Level 3

Hier weiß die angesprochene Firma gleich, was von ihr erwartet wird, und ist sicher froh, dass sie wahrscheinlich nur für 70 bis 80 % des Einkommens von Klaus L. aufkommen müsste und nicht für das ganze. Herr L. wählt einen langen Schachtelsatz für seine Erklärung, und das ist kein Zufall. Warum einen komplexen Zusammenhang durch kurze Aussagen vereinfachen? Also merken Sie sich: Je komplizierter der Sachverhalt, desto länger Ihre Sätze.

Und nun lesen Sie, was sich Katja E. von ihrem Arbeitgeber wünscht, bei dem sie als Buchhalterin tätig werden möchte: „Berufliche Flexibilität, eine abwechslungsreiche und interessante Tätigkeit sowie eine mit meinen Werten übereinstimmende Unternehmenskultur sind

★★★ Level 3

Stellenmerkmale, die für mich im Vordergrund stehen." Gleich darauf folgen ihre Gehaltsvorstellungen, eine nicht unbeträchtliche Summe.

Fortgeschrittene erfolgreich Arbeitslose ändern ihr Schreiben von Mal zu Mal und gehen jeweils auf einige Punkte der Anzeige ein. Sämtliche Anforderungen kann sowieso niemand erfüllen - bei dem, was heutzutage in Anzeigen alles verlangt wird. Auch brauchen Sie in diesem Stadium nicht schon alles zu verstehen, was in dem Stellenangebot über das Unternehmen und die Aufgabe gesagt wird. Thomas F. bewirbt sich als Business Developer auf eine Anzeige, in welcher der Ausdruck „M & A" insgesamt sechsmal vorkommt. Was das ist, wird man ihm dort zu gegebener Zeit schon erklären, dafür gibt es ja die Einarbeitungszeit. (Nein, es handelt sich nicht um das bekannte Bekleidungshaus.)

★★ Level 2

Das Anschreiben eines Anfängers besteht vielleicht nur aus zwei bis drei Sätzen. Das genügt an sich, um sein Interesse an der angebotenen Stelle zu signalisieren. Könner machen sich wesentlich mehr Gedanken über die Stelle und teilen diese dem Adressaten auch mit. Da kann so ein Brief leicht zwei oder drei Seiten lang werden. Den verständigen Arbeitgeber sollte jedes einzelne Wort interessieren.

★ Level 1

★★★ Level 3

Sie haben bereits gesehen, wie gut es ist, wenn äußere widrige Umstände Sie in Ihrer Erwerbstätigkeit behindern oder einschränken.

Wenn Sie also über irgendein Handicap verfügen, so erwähnen Sie das selbstverständlich in Ihrem Anschreiben, etwa so:

„Ich bin seit zwei Jahren arbeitslos und suche nun ..."

„Ich kann wegen meiner Rückenschmerzen nicht lange sitzen / nicht schwer heben ..."

„Ich habe eine schwerkranke Schwiegermutter zu betreuen ..." ★ Level 1

Oder so wie Kurt T., aus dessen handschriftlicher Original-Bewerbung dieses Zitat stammt: „Ich habe momentan zwei Probleme. Ich habe stendig Magenschmerzen, und ich habe im Moment keine Zäne." ★ Level 1

Schildern Sie Ihre Probleme ausführlich, damit der Arbeitgeber sich darauf einstellen kann. Sie wollen sich nicht ausbeuten lassen, sondern sehen das Arbeitsverhältnis als ein Geben und Nehmen. Die Firma gibt Ihnen einen guten Job, der Ihnen Freude macht und Sie nicht zu sehr anstrengt, ein schönes Büro, ein angemessenes Einkommen, und im Gegenzug gehen Sie jeden Tag für acht Stunden dorthin.

Einen besonders cleveren Einfall zu diesem Thema hatte Karin B. Sie gibt ihre Bewerbungen in der Poststelle ihrer derzeitigen Firma ab, wo sie mit der firmeneigenen Frankiermaschine freigemacht werden. Der neue Arbeitgeber sieht gleich, dass Frau B. auf ein ausgewogenes Geben und Nehmen Wert legt: Wenn sie sich bewerben ★ Level 1 muss, weil ihr jetziger Arbeitgeber ihr nicht genug bietet, dann soll er als Verursacher auch die Kosten für ihre Bewerbungen tragen.

Diese Methode ist natürlich nur für Kandidaten geeignet, die sich noch im Planungsstadium ihrer erfolgreichen Arbeitslosigkeit befinden und derzeit noch einer Beschäftigung nachgehen. Bereits Arbeitslose könnten ihre Bewerbungen hilfsweise ihrem erwerbstätigen Ehepartner mitgeben, damit der sie in der Poststelle seines Unternehmens freistempeln lässt.

Formulieren Sie Ihre Anschreiben sachlich, denn ein sachlicher Stil kommt immer gut an. Mia K. bewirbt sich um einen Job bei einem Dessous-Hersteller. Sie erwähnt nicht, dass sie sich für Mode und Dessous besonders interessiert - das ist schließlich ihre Privatangelegenheit. Sie beginnt ihr Anschreiben mit dem Satz: „Derzeit bin ich in einem Unternehmen der Maschinenbau-Branche beschäftigt."

★★ Level 2

Doch auch mit einem emotionalen Stil kann man punkten. Bruno R., ein 49-jähriger kaufmännischer Leiter, schreibt: „Am liebsten würde ich sofort bei Ihnen anfangen. Aber davor steht ja leider noch das Vorstellungsgespräch ..." Deutlicher kann man sein Interesse an einer Stelle wohl nicht zum Ausdruck bringen. Eine Firma, die hier nicht anbeißt, ist selbst schuld.

★★★ Level 3

Wenn Sie einerseits Ihr Interesse äußern, Ihre Gefühle aber nicht so zeigen wollen wie Bruno R.,

dann gefällt Ihnen vielleicht das Beispiel von Enna S. Sie hatte sich als Office Managerin beworben und war gebeten worden, darzulegen, wieso ihre Wahl ausgerechnet auf eine Anwaltskanzlei für Wirtschaftsrecht gefallen war. Sie schrieb:

★★★
Level 3

„Für das Ziel, einen neuen Arbeitgeber und eine Erfolg versprechende berufliche Perspektive zu finden, ist es entscheidend, die eigenen Stärken und Neigungen zu erkennen, seine individuelle Bewerbungsstrategie zu entwickeln und diese konsequent umzusetzen. Zumal ich mich derzeit in einer vergleichbaren Situation befinde, ist mir durchaus bewusst, was die inhaltlichen Schwerpunkte der Arbeit im Wirtschaftsrecht sind. Ich glaube, dass nicht nur Know-how und Erfahrung, sondern auch von Seiten der Persönlichkeit in diesem Aufgabengebiet viel gefordert wird."

Frau S. machte also deutlich, wie gründlich sie über das angeschriebene Unternehmen und die Arbeit dort nachgedacht hatte. Sie hatte die Kanzlei keineswegs zufällig ausgewählt, sondern auf Grund ihrer „individuellen Bewerbungsstrategie". Und sie kannte die „inhaltlichen Schwerpunkte" der Anwälte. Sie wusste sogar, dass man „Persönlichkeit" benötigt, um diese Aufgaben zu erfüllen. Sollte sich nicht jeder Arbeitgeber freuen, wenn ein Kandidat sich derart intensiv mit ihm beschäftigt? Ganz elegant umschiffte Frau S. dabei die eigentliche Frage, nämlich WARUM sie sich für dieses Unternehmen interessierte. Insbesondere der Satz „Zumal ich mich derzeit in einer vergleichbaren Situation befinde ..." löste in der Kanzlei Verwirrung aus. Tagelang wurde dort gerätselt, in welcher Situation die Kandidatin sich wohl befand und mit wem oder was diese Situation vergleichbar war.

Auch der folgende Passus im Anschreiben von Ingrid H. gab dem Empfänger Rätsel auf: „Bitte machen Sie mir ein Angebot, das ich mit meinen familiären Verpflichtungen in Einklang bringen kann." Sie hatte zwar ihre beiden kleinen Kinder erwähnt, aber wie genau sahen damit ihre familiären Verpflichtungen aus? Und welche Kriterien musste ein Stellenangebot erfüllen, damit sie es „mit ihren familiären Verpflichtungen in Einklang bringen" konnte?

★★★
Level 3

Lassen Sie den Arbeitgeber ruhig ein bisschen grübeln; Sie müssen nicht alles schon im Anschreiben detailliert erklären. So lange Sie dabei - wie Enna S. und Ingrid H. - Ihren festen Willen zu arbeiten demonstrieren, sind Sie im grünen Bereich. Wenn der Arbeitgeber zu bequem ist, die aufgegebenen Rätsel zu lösen, dann muss er eben auf eine Top-Fachkraft wie Sie verzichten.

Die Blindbewerbung

Besonders hoch motivierte Bewerber greifen - zusätzlich zu den bereits geschilderten Wegen - zum Mittel der Initiativbewerbung. Das heißt, sie schreiben von sich aus und in Eigeninitiative Firmen an, die kein Stellenangebot veröffentlicht haben. Weil nicht bekannt ist, ob dort überhaupt Bedarf besteht, man sich also gewissermaßen „blindlings" bewirbt, heißt diese Art von Bewerbung auch „Blindbewerbung".

Aber wie man weiß, findet auch ein blindes Huhn mal ein Korn. Daher bringt die Blindbewerbung nicht unbeträchtliche Risiken mit sich und ist nur für Fortgeschrittene und Experten geeignet.

Vor allem kommt es auf die richtige Auswahl der anvisierten Unternehmen an. Wenden Sie sich an Großunternehmen (wo täglich Mengen an Blindbewerbungen eingehen), an sehr kleine Unternehmen (in denen es insgesamt nur einen bis fünf Arbeitsplätze gibt) oder an Branchen, in denen Sie zuvor noch nie gearbeitet haben (man muss ja flexibel sein). Damit machen Sie nichts falsch.

Wenn Sie neben einem angemessenen Gehalt auch attraktive Sozialleistungen erwarten, stellen Großunternehmen die passende Zielgruppe dar. Maik Z., ein 32-jähriger Hochschulabsolvent, wohnt in Düsseldorf, wo er sich heimisch fühlt und wo er bleiben möchte. Er schickt Bewerbungen an alle bedeutenden Firmen, die ihm einfallen - das sind insgesamt zehn. Als diese Anstrengungen ohne Erfolg bleiben, sieht er gar keine Chancen mehr für sich und verliert allen Mut.

★★
Level 2

Annegret B. aus Hilden wird im Rahmen eines Sozialplans von einem Jobcenter betreut. Sie besteht darauf, ihre neue Arbeitsstelle ausschließlich in den Großunternehmen ihrer Heimatstadt zu suchen. Davon gibt es elf, und die werden alle angeschrieben. Danach wartet Frau B. erst einmal ab. Als sie anderthalb Jahre später noch nicht zum Zuge gekommen ist, bewirbt sie sich bei einigen dieser Unternehmen erneut. Wiederum erhält sie nur Absagen. Somit ist für jedermann klar, dass sie es nicht weiter zu versuchen braucht - die wissen ihre Qualitäten ja offensichtlich nicht zu schätzen und wollen sie nicht. Deshalb wird Annegret B. nun bis zum Rentenalter erfolgreich arbeitslos bleiben.

★★★ Level 3

Wenn Sie keine Ahnung haben, wo sich Firmenadressen auftreiben lassen, schauen Sie einfach ins Telefonbuch. Schreiben Sie an die dort genannte Anschrift. Dafür zu sorgen, dass Ihre Bewerbung in die Hände der zuständigen Abteilung oder Person gelangt, ist Aufgabe der Poststelle. Online-Bewerbungen senden Sie vertrauensvoll an info@firmenname.com. Im Unternehmen wird man schon herausfinden, wer der richtige Ansprechpartner ist, und Sie sind schließlich kein Detektiv.

★★ Level 2

Das Standardanschreiben, das Sie bereits für die Beantwortung von Stellenangeboten aufgesetzt haben, können Sie bei der Blindbewerbung gleichfalls verwenden. Beherzigen Sie die oben erwähnten Tipps und interessieren Sie sich nicht zu sehr für die Sorgen und Probleme des Arbeitgebers. Falls Sie den Job bekommen, wollen Sie Geld verdienen und nicht Mutter Teresa spielen.

★★ Level 2

★★ Level 2

Völlig unnötig ist die Angabe, für welche Position Sie sich bewerben. Der Arbeitgeber sieht ja an Ihren Unterlagen, was Sie können, und wird dann schon selbst klären, für welche Stelle Sie sich eignen.

★ Level 1

Sollte der Fall eintreten, dass Sie auf Grund Ihrer ersten Kontaktaufnahme oder Kurzbewerbung um die Einreichung weiterer Unterlagen gebeten werden, reagieren Sie nicht mit unangemessener Hast. Vielleicht möchten Sie zuerst noch in Urlaub fahren oder eine Kur antreten. Dann genügt es, wenn Sie die angeforderten Papiere danach absenden. Die Unternehmen beeilen sich ja schließlich auch nicht, wenn es um die Beantwortung Ihrer Bewerbungen geht.

★★★ Level 3

Gehen Sie aber auf Nummer Sicher, indem Sie nicht allzu viele Blindbewerbungen versenden. Wenn Sie allerdings schon ausgiebig trainiert haben und von Ihren Fähigkeiten als erfolgreicher Arbeitsloser überzeugt sind, dann schreiben Sie ruhig hundert oder mehr Briefe. Ihr Umfeld (Arbeitsberater, Freunde und Familie) wird Ihren Einsatz und Ihr Durchhaltevermögen bewundern und Sie zutiefst bedauern, wenn Sie trotz all Ihrer Mühen keine Arbeit finden.

Die eigene Stellensuchanzeige

Den Gipfel der Kunstfertigkeit erreichen Sie jedoch, wenn Sie von sich aus und womöglich auf eigene Kosten ein Stellengesuch in der Presse schalten. Für Anfänger bietet die Arbeitsagentur diese Möglichkeit (Ihr Gesuch wird dann in der agentureigenen Publikation „Markt und Chance" veröffentlicht). Im Zweifel hilft Ihnen der Arbeitsberater auch, einen nichts sagenden Text zu formulieren, der in seinen Grundzügen ohnehin vorgegeben ist. ★★ Level 2

In verschiedenen Internet-Stellenbörsen haben Sie ebenfalls die Möglichkeit, Ihr Angebot kostenlos in eine Datenbank einzustellen. Die Erfolgsaussichten sind äußerst gering, aber es gilt ja alles zu versuchen. ★★★ Level 3

Den höchsten Gewinn für Ihr Image und die beste Außenwirkung erzielen Sie natürlich mit einer gedruckten Anzeige in einer Tageszeitung. In größtmöglicher Kürze beschreiben Sie sich und den Job, den Sie suchen. Wer sich einmal die Stellengesuche in einer beliebigen Samstagsausgabe anschaut, dem wird es gar nicht so schwer fallen, einen Text zu formulieren, mit dem er keinen Job findet. Hier ein Beispiel:

> **Mann, 38 Jahre**
> in ungekündigter Stellung sucht zu sofort neue Herausforderung im KFZ-Handwerk, als PKW-Fahrer oder im Außendienst (keine Versicherung o.ä.).
> ✉ **WS 4 792 831 ZGM**
> **48135 Münster**

★★★ Level 3

Wenn man bedenkt, dass der Inserent höchstwahrscheinlich ein Laie ist, dann hat er hier ein eindrucksvolles Ergebnis erzielt. Die Anzeige besticht bereits optisch durch ihre Größe und den Rahmen mit Schattierung. Die Wahl des Begriffs „Mann" als Titelzeile ist schon fast genial. Einen „Mann" kann schließlich nahezu jeder Betrieb gebrauchen, obwohl diese Position erstaunlicherweise sehr selten ausgeschrieben wird. Sein für Arbeitgeber attraktives Alter bringt der Mann ebenfalls ins Spiel: 38 Jahre, also nicht mehr grün hinter den Ohren, aber auch noch nicht ausgelaugt und verbraucht ... Sehr präzise spricht er an, was er sucht: eine Herausforderung „im KFZ-Handwerk, als PKW-Fahrer oder im Außendienst", wobei er Versicherungen nicht so zu mögen scheint. Was für eine Berufsausbildung er hat und was ihn für die aufgezählten Tätigkeiten qualifiziert, erfährt der Interessent sicherlich, wenn er an die genannte Chiffre schreibt.

„Arbeitgeber! Kein großer Zeit- und Kostenaufwand, einfach mal die Arbeitsuchenden anschreiben!" möchte man da mit der Bürokauffrau ausrufen, die diese beiden Zeilen als Titel ihrer eigenen Stellensuchanzeige wählt.

Und „Warum denn nicht?", so der Titel des einen anderen Inserats, mit dem eine Fremdsprachenkorrespondentin potenzielle Arbeitgeber animieren will, sie einzustellen.

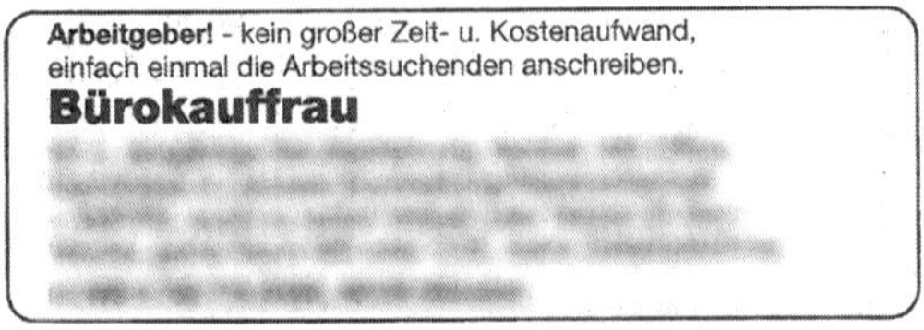

Die hilfreichen Freunde

Als Arbeitsloser haben Sie genug Zeit, um Ihr soziales Netzwerk zu pflegen. Da bleibt es nicht aus, dass von Zeit zu Zeit einer Ihrer Bekannten von einem Job gehört hat, auf den Sie sich bewerben könnten. Wie gehen Sie mit solchen Hinweisen und Angeboten um?

Wenn der Tippgeber nur eine Information weitergibt und keine persönliche Beziehung zwischen ihm und dem suchenden Unternehmen besteht, sind Sie frei: Sie können sich bewerben und dabei das bisher Gelernte beherzigen, oder Sie können antworten: ★★ Level 2

- Bei dem Unternehmen hätten Sie sich bereits beworben, aber ohne Erfolg,
- bei dem Unternehmen habe es sowieso keinen Sinn, weil dort ein ganz schlechtes Arbeitsklima herrsche / die Mitarbeiter häufig wechselten / die Löhne sehr niedrig seien, ★ Level 1
- der Betrieb liege zu weit entfernt, da kämen Sie mit öffentlichen Verkehrsmitteln

ja gar nicht hin, und für ein Auto hätten Sie kein Geld

- und so weiter.

Will der Bekannte Sie hingegen in der Firma unterbringen, in der er selbst arbeitet, oder im Unternehmen eines Freundes oder Verwandten, liegen die Dinge anders. Arno C., 37 Jahre, war zuletzt als Gruppenleiter in der IT-Branche tätig. Sein Nachbar teilt ihm mit, dass sein Onkel in seinem IT-Beratungsunternehmen jemanden wie ihn brauchen könne. In diesem Fall kann Arno C. mit einem „Empfehlungsbonus" rechnen, und damit steigt die Wahrscheinlichkeit, dass er den Job auch bekommt. Er überlegt, welche Last damit auf ihm läge. Wenn er die Stelle annähme und irgendetwas ginge schief, dann erführe das nicht nur die ganze Nachbarschaft, sondern es würden auch das Ansehen des Tippgebers selbst sowie dessen Status in seiner Familie in Mitleidenschaft gezogen!

Nach langem Nachdenken kommt Arno C. zu dem Schluss, dass er nicht guten Gewissens riskieren kann, dass sein Nachbar durch ihn Schaden erleidet. Er erklärt dem freundlichen Helfer also, er wolle ihn auf keinen Fall der Gefahr einer Rufschädigung aussetzen. Dafür bedeute ihm die langjährige, angenehme Nachbarschaft einfach zu viel. Es sei also im eigenen wohlverstandenen Interesse des Nachbarn, wenn er von einer Bewerbung im Unternehmen des Onkels lieber Abstand nähme.

★★★ Level 3

Kapitel 7

Kein Schwein ruft mich an

Wie Sie sich telefonisch bewerben

Nachdem Sie nun den Knigge der schriftlichen Bewerbung sicher beherrschen, geht es in diesem Kapitel um die Frage, wie Sie sich des Telefons bedienen können, um erfolgreich arbeitslos zu bleiben.

Gerhard O., Fertigungsleiter, 41 Jahre alt und erst seit zwei Monaten arbeitslos, nutzt das Telefon vor allem passiv. Er wartet, bis es klingelt. Natürlich kann er nicht die ganze Zeit daneben sitzen, und die Funktionen Anrufbeantworter/ Mailbox oder Anruferliste stehen ihm bei seinem Privatanschluss nicht zur Verfügung. Wer ihn ernsthaft erreichen möchte, muss es eben öfter versuchen.

★ Level 1

Falls das gelingt und ihn auf Grund einer Bewerbung jemand aus der Personalabteilung anruft, weil der noch etwas mit ihm klären möchte, meldet er sich genau wie sonst auch mit „Ja?" Sobald der Gesprächspartner sich vorgestellt hat, fragt Gerhard O. ihn: „Was gibt's denn?"

★ Level 1

Seine Kollegin Tamara L., die gleichzeitig mit

★ Level 1

ihm entlassen wurde, hat ihre Telefonnummer in ihren Bewerbungsunterlagen erst gar nicht angegeben. Nach ihrem Empfinden ist der Telefonanschluss zu Hause etwas sehr Privates und geht eine fremde Firma zunächst einmal überhaupt nichts an.

Mit dem aktiven Einsatz des Telefons können Sie natürlich mehr Eindruck machen. Sie sind der Meinung, die selbst initiierte telefonische Kontaktaufnahme sei sehr schwierig und daher nur etwas für Experten? Keine Angst, gerade Anfänger erzielen auf diesem Gebiet oft ganz spontan beachtlichen Erfolg.

Spontan: das ist unser erstes Stichwort. Führen Sie solche Telefonate stets aus dem Augenblick heraus und bereiten Sie sich keinesfalls darauf vor. Der Arbeitgeber soll Sie so erleben, wie Sie normalerweise sind, und nicht in einer Art, die Sie sich extra für die Telefonbewerbung zurecht gelegt haben.

Der bestgeeignete Zeitpunkt für Ihr Telefonat ist der Montagvormittag. Nicht nur haben die Personalverantwortlichen da einen besonders großen Stapel Post (die vom Samstag und die vom Montag), sondern in den meisten Unternehmen finden auch alle Abteilungs- und Teambesprechungen am Wochenanfang statt. In der Personalabteilung kommt noch hinzu, dass 90 Prozent der Interessenten auf die in der Samstagsausgabe erschienenen Stellenanzeigen montags zwischen halb elf und halb zwölf anrufen.

Wenn Sie das Telefon eines geplagten Personalers in genau dieser Zeit klingeln lassen, können Sie gleich testen, wie viel Geduld und Interesse das betreffende Unternehmen seinen zukünftigen Mitarbeitern entgegen bringt. Und sollte etwa niemand ans Telefon gehen, dann haben Sie ein sicheres Indiz dafür, dass in dieser

Keiner ruft an? Dann warte ich eben noch ein bisschen!

Firma „Dienstleistungs-Mentalität" und „Kundenorientierung" Fremdwörter sind - obwohl man diese Eigenschaften höchstwahrscheinlich von den Bewerbern verlangt.

Beziehen Sie sich auf ein Inserat, so empfiehlt sich der Eingangssatz: „Ich rufe wegen Ihrer Stellenanzeige an." Die Nachfrage, für WELCHE Stelle Sie sich interessieren (falls das Unternehmen gleichzeitig mehrere Anzeigen geschaltet hat, was häufig vorkommt), können Sie getrost Ihrem Gesprächspartner überlassen, ebenso wie den weiteren Verlauf des Dialogs. Sie haben schließlich einen Profi an der Strippe.

★
Level 1

Leider verhalten sich die Profis nicht immer so professionell, wie Sie das erwarten. Nur äußerst selten hört ein Bewerber auf die geläufige Eingangsfrage „Ich wollte mal hören, ob Sie eine Stelle frei haben", eine höfliche Antwort wie: „Ja, wir suchen momentan eine Sekretärin, einen Programmierer sowie einen Abteilungsleiter Controlling. Welches dieser Angebote würde Sie denn reizen?" Stattdessen fragte die zuständige Personalreferentin Hans G., der wegen einer Stelle als Koch anrief, was er denn wissen wolle? „Na ob das klar geht", gab er zur Antwort. Das hätte die Personalfrau sich eigentlich auch denken können, denn weswegen hätte Hans G. sich wohl sonst gemeldet?

★★
Level 2

Julia F. wählte als Ziel ihres Telefonats ein Outplacement-Beratungsunternehmen. Bis vor sechs Monaten sei sie als Outplacement-Beraterin bei einem großen Personaldienstleister tätig gewesen. Sie habe mehrere Jahre lang Arbeitsuchende unterstützt und wolle jetzt gerne etwas Anderes machen. Auf die erstaunte Frage ihres Gesprächspartners, ob sie nicht wisse, dass sich sein auf Outplacement spezialisiertes Unternehmen ebenfalls mit der Unterstützung von Arbeitsuchenden befasse, blaffte sie ihn an: „Ich suche eine STELLE; Beratung brauche ich nicht!" ★★ Level 2

Natürlich hatte Frau F. vollkommen recht: Ihrem Gesprächspartner stand es nicht zu, ihre Motive zu hinterfragen. Ob und warum sie eine Begründung für ihre Bewerbung anführte, die eher nicht geeignet war, ein Arbeitgeberherz zu erfreuen, war allein ihre Sache. Hätte sie ihn, statt patzig zu werden, in höflichem Ton auf seinen Fehler hingewiesen, könnte man diese Taktik schon fast auf Level 3 einstufen.

Elisabeth B. fand eine interessante Stellenanzeige in der Zeitung. Ein Elektrokonzern suchte einen Leiter/eine Leiterin der Betriebsorganisation. Sie rief den in der Annonce genannten Personalberater an. Nachdem sie ihren Namen und den Grund ihres Anrufs genannt hatte, fragte sie: „Als Frau habe ich doch bestimmt keine Chancen auf diese Stelle?" Natürlich weiß Frau B., dass es ein Gesetz zur Allgemeinen Gleichbehandlung gibt, nach dem sie nicht auf Grund ihres Geschlechts abgelehnt werden darf. Aber ★★★ Level 3 sollte der Personalberater ihr doch erst einmal erklären, ob er das Gesetz überhaupt kannte und wenn ja, ob er es auch anwendete.

Übrigens können Sie in gleicher Weise vorgehen, wenn Sie zum Beispiel über 50 Jahre alt, behindert oder Ausländer sind.

Ein Nachteil der telefonischen Bewerbung besteht darin, dass man keinen Nachweis darüber hat, etwa für den Arbeitsberater. Bitten Sie also den Angerufenen darum, Ihnen eine Bescheinigung über das Telefonat auszustellen. Es schadet auch nicht, wenn Sie - wie Kirsten D. - dem Arbeitgeber eröffnen, dass Sie einzig und allein aus ★★ Level 2 dem Grunde anrufen, um diese Bescheinigung zu bekommen. Jeder weiß, unter welchem Druck Arbeitslose stehen, und ein guter Arbeitgeber sollte für diesen Wunsch Verständnis haben.

Wenn der Firmenvertreter am anderen Ende der Leitung Ihnen mitteilt, er habe keine Stelle für Sie oder gar überhaupt keine freie Stelle, dann ziehen Sie das ruhig in Zweifel und diskutieren darüber. ★★ Level 2 Zeigen Sie, dass Sie ein selbstständiger Mensch mit einer eigenen Meinung sind und sich darum nicht so leicht ins Bockshorn jagen lassen. Und welches Unternehmen kann es sich denn tatsächlich leisten, auf einen so qualifizierten Bewerber wie Sie zu verzichten?

Kapitel 8

Sein Licht nicht unter den Scheffel stellen

Wie Sie im Vorstellungsgespräch auftreten

Für Anfänger sind Vorstellungsgespräche nicht unbedingt das Beste. Trainieren Sie lieber zuerst ein bisschen auf dem Feld der schriftlichen und telefonischen Bewerbung, ehe Sie sich persönlich in die „Höhle des Löwen" wagen. Auf der anderen Seite zahlt es sich aus, wenn Sie auch dieses Kapitel sorgfältig durcharbeiten. Schließlich kann es immer einmal vorkommen, dass ein unvorsichtiges Unternehmen Sie auf den Hinweis eines - in der Regel von Ihnen nicht autorisierten - Fürsprechers, zum Beispiel Ihres Arbeitsberaters, einlädt, ohne zuvor Ihre Bewerbungsunterlagen gesehen zu haben. Für solche Fälle müssen Sie gewappnet sein.

Als Erstes sollten Sie wissen, dass das Einstellungsinterview kein zuverlässiger Indikator dafür ist, ob ein Bewerber die Anforderungen des Unternehmens erfüllt. Das haben wissenschaftliche Untersuchungen nachgewiesen. Da das Vorstellungsgespräch dem Personaler also keine relevanten Erkenntnisse über die Eignung von

Kandidaten liefert, könnte er ebenso gut würfeln, um zu entscheiden, welchen er nimmt. Aber nein, er würfelt nicht. Er lädt Sie zum Gespräch ein, schon dies ein Akt der Willkür.

Im Bewusstsein der Untauglichkeit des Interviews als Auswahlinstrument können Sie Ihrerseits ganz gelassen an die Sache herangehen. Beachten Sie die Prinzipien, die Ihnen schon bisher gute Dienste geleistet haben, und orientieren Sie sich an den folgenden Beispielen. Dann verliert das Bewerbungsgespräch seinen Schrecken, und aus der Horror-Vorstellung wird im Nu ein leichtfüßiger Auftritt!

Natürlichkeit

Ein Grund dafür, dass Chefs und Personaler sich bei ihren Einstellungsentscheidungen so oft irren, liegt in ihrem Versuch, die Bewerber in eine Schablone zu pressen. Sie haben ein Bild des perfekten Stellenanwärters im Kopf, und wer dem nicht entspricht, wird abgelehnt.

Es kommt also weniger darauf an, was Sie tun oder sagen, sondern vielmehr darauf, ob Ihre Nase dem Entscheider passt oder nicht. Deshalb hat es ohnehin keinen Sinn, sich zu verbiegen. Seien Sie so natürlich wie möglich, das wirkt am überzeugendsten.

Wählen Sie bequeme Kleidung. So wie Martin

„Junger Mann, Sie gefallen mir!"

R., 46 Jahre alt und Vater von vier Kindern, der sich um die Stelle eines Niederlassungsleiters bei einem deutschen Großkonzern bewarb. Zum zweiten Gespräch mit dem Vorstandsvorsitzenden, der eigens per Flugzeug aus der Konzernzentrale angereist war, trug Martin B. - der Jahreszeit entsprechend - ein kurzärmeliges lila Hemd mit einem hawaiianisch anmutenden, großen Blumenmuster. An den Füßen hatte er weiße Frotteesocken, die ja, wie jeder weiß, gut den Schweiß aufsaugen. Wer an einem heißen Sommertag einen dunklen Anzug und Krawatte von Ihnen erwartet, bezeugt damit sein kleinka-

★★
Level 2

riertes Denken und sollte besser kein Unternehmen leiten - jedenfalls keins, in dem Sie arbeiten wollen!

Zu Beginn des Gesprächs werden Sie meist aufgefordert, Platz zu nehmen. Heinz P., der sich mit 44 Jahren als Lehrer an einer Privatschule vorstellte, setzte sich bequem hin - so, wie er mit Freunden in der Kneipe oder in seinem Wohnzimmer auch sitzen würde. Er zog sein Jackett aus, schlug die Beine übereinander, verschränkte die Arme und blickte den Personalchef erwartungsvoll an.

★ Level 1

Er tat auch nicht so, als wäre das Institut, das ihn zu diesem Termin geladen hatte, besonders attraktiv für ihn. Er hatte sich im Vorfeld keinerlei Information besorgt, und während des Gesprächs signalisierte er weder durch Gestik noch durch unnötige Mimik Interesse an der ausgeschriebenen Stelle.

★ Level 1

Zu dem Gesprächstermin war es gekommen, weil Heinz P.s Scheidungsanwalt ihm geraten hatte, sich um eine Arbeitsstelle zu bemühen. Die Gerichtsverhandlung über den Trennungsunterhalt stand kurz bevor, und Heinz P.s Noch-Ehefrau verlangte von ihm, ab jetzt selbst Geld zu verdienen. Auf die Frage des Personalchefs, warum er nach vielen Jahren als Hausmann sich nun wieder um eine Anstellung bewarb, sagte er wahrheitsgemäß: „Mir bleibt ja nichts anderes übrig."

★★ Level 2

Motivation

Die Motivation von Heinz P. resultierte aus seiner finanziellen Notlage. Er hatte alles versucht und erhielt trotzdem nur Absagen. Der Scheidungsrichter allerdings zeigte sich von seinem dicken Stapel Bewerbungen sehr beeindruckt, und so wurde die berufstätige Frau P. gerichtlich verpflichtet, ihm Trennungsunterhalt zu zahlen.

Andere Bewerber zeigen ihre Motivation durch interessierte Fragen im Vorstellungsgespräch. Dustin J. hatte sich in einer Armaturenfabrik als Diplom-Ingenieur beworben. Er wollte vom Firmenchef wissen: „Was stellen Sie eigentlich her?" Bedauerlicherweise war das Gespräch dann sehr kurz, und er kam nicht ins Auswahlverfahren. ★ Level 1

Sabine C. klärte ihre Fragen schon auf dem Weg zu der Steuerberatungskanzlei, wo sie sich als Office Managerin vorstellen sollte. Zehn Minuten vor dem Termin meldete sie sich per Handy, weil ihr entfallen war, an welcher Straßenbahnhaltestelle sie aussteigen musste. Die Inhaberin sagte es ihr. Zwanzig Minuten später rief Sabine C. erneut an und erkundigte sich, warum denn in Hausnummer 146 die Kanzlei nicht zu finden sei? Sie erfuhr, dass die richtige Hausnummer 164 lautete. Um ganz sicher zu gehen, wollte sie dann außerdem wissen: „Wie heißen Sie noch mal?" Zu Sabine C.s großem Erstaunen sagte die Steuerberaterin daraufhin den Termin ab. Sie ★★ Level 2 schien im Ernst erwartet zu haben, dass Sabine C. den Namen jeder Firma im Gedächtnis behalten konnte, bei der sie zum Vorstellungsgespräch eingeladen war.

Gunter S. verdankte sein Bewerbungsgespräch bei einer Versicherungsgesellschaft nicht eigenen Bemühungen, sondern der Tatsache, dass sein ehemaliger Arbeitgeber, ein Personalberater, den Versicherungsvorstand kannte und für diesen regelmäßig Aufträge abwickelte. Obwohl Gunter S. genug anderes zu tun hatte, nahm er den Termin wahr. Zu Beginn des Gesprächs bat er sein Gegenüber um Verständnis, falls er sich

★ Level 1

nicht all die Informationen würde merken können. Der Termin um 18.00 Uhr sei ja schon recht spät, und nach einem betriebsamen Tag sei er müde. Zudem räumte er ein, keine Zeit gehabt zu haben, um sich näher über das Unternehmen

★★ Level 2

zu informieren. „Aber ich bin sehr gespannt, was Sie mir anzubieten haben", versicherte er dem Personalleiter.

Moritz D., 39 Jahre und Diplom-Betriebswirt, stellt sich bei einem Lebensmittelproduzenten vor. „Und warum haben Sie sich jetzt bei uns beworben?", fragt ihn die junge Personalreferentin. Moritz D. legt dar, dass er schon immer gern im Außendienst habe arbeiten wollen und wie viel Spaß ihm das machen würde. Zwar ging es in

★★ Level 2

der Stellenanzeige um eine Tätigkeit im Innendienst, aber das erscheint ihm weniger wichtig.

Zu seiner Überraschung bekommt er nach dem Gespräch eine Absage, trotz seines großen Interesses: Im Außendienst sei derzeit leider keine Stelle frei. Wie engstirnig gedacht!

Ein Möbelgeschäft in Hannover sucht einen Küchenverkäufer. Roland K., 52 und seit einem Jahr arbeitslos, hat Erfahrung auf diesem Gebiet. Seine Motivation beweist er dadurch, dass er zu dem von seiner Vermittlerin arrangierten Vorstellungsgespräch erscheint. Der Geschäftsführer des Möbelhauses ist an Herrn K.s Fachwissen interessiert und möchte ihn einstellen. In den Bewerbungsunterlagen vermisst er jedoch noch zwei Arbeitszeugnisse, die er Herrn K. nachzureichen bittet.

Nun ist ja eine simple Einstellungszusage kein Grund, sich zu überschlagen. In den nächsten Wochen findet Herr K. keine Zeit, nach den Zeugnissen zu suchen. „Man braucht auch mal Ruhe und Entspannung", sagt er. „Man kann doch nicht immer nur an die Arbeit denken." Zwei Monate später sendet er dem Möbelhaus eins der beiden Zeugnisse. Er bekommt es postwendend zurück mit dem Bescheid, man habe inzwischen einen anderen Bewerber eingestellt. Diese Eile versteht Roland K. überhaupt nicht. ★★ Level 2

Offenbar fehlt Arbeitgebern nicht nur das Verständnis dafür, dass jemand auch mal Ruhe und Entspannung braucht. Für sie darf ein Bewerber überhaupt keinen anderen Lebensinhalt haben als die neue Stelle. Daher sind außerberufliche Interessen wie künstlerisches oder ehrenamtliches Engagement fast ein Garant für erfolgreiche Arbeitslosigkeit. Heinrich G., von Beruf Controller und Teamleiter, spielt zum Beispiel Gitarre in einer Band, die mehrmals wöchentlich auftritt. Die Musik ist für ihn ein schöner Ausgleich zur alltäglichen Tretmühle im Controlling, und er wird sicherlich niemals an einem Burn-Out-Syndrom leiden. Seltsamerweise reagieren die meisten Einsteller auf solche Lebensinteressen total negativ und erkennen ihren Vorteil gar nicht!

★★★ Level 3

Bodo T., 32 Jahre alt, verheiratet ohne Kinder, seit zwei Jahren ohne Anstellung, organisiert ehrenamtlich Jugendfreizeiten bei den Johannitern. Darüber hinaus betreibt er nebenberuflich einen Kurierdienst. Die oft viele Hundert Kilometer weiten Fahrten erledigt er vorwiegend nachts, so dass er tagsüber Zeit für eine Angestelltentätigkeit hätte. Bodo T. ist sehr erstaunt über die Absagen, die er nach jedem Vorstellungsgespräch bekommt. Anscheinend wissen die Personalleiter solch überdurchschnittlichen Fleiß nicht zu würdigen.

★★★ Level 3

Nicht einmal berufliche Verpflichtungen und Ziele werden von Einstellern toleriert, wenn sie nicht mit der eigenen Firma zusammenhängen. Carola E. hat einen Magisterabschluss in Romanistik und Geographie und ist seit dem Ende ihres Studiums arbeitslos. Sie hält sich mit ein paar kleinen Jobs über Wasser, die sie stundenweise ausübt. Dennoch ist sie motiviert, zur Sicherung ihres Lebensunterhalts eine Halbtagsstelle im Sekretariat eines Architekturbüros anzunehmen. Beim Vorstellungsgespräch erklärt sie, ihre Arbeitszeit müsse so gelegt werden, dass sie sich mit ihren fünf Nebentätigkeiten vereinbaren lasse. Darüber hinaus dürften sich die neue Stelle und ihre anderen Jobs nicht zu einem Achtstundentag summieren, damit ihr noch Zeit bleibe, ihr eigentliches Berufsziel weiterzuverfolgen: nämlich an der Universität zu lehren. Die Absage folgt auf dem Fuße. Vermutlich suchen diese Architekten eher eine Art Leibeigene als eine Mitarbeiterin mit beruflichen Zielen. Und sind dafür nicht einmal bereit, mehr als ein mickriges Halbtagsgehalt zu bezahlen. ★★ Level 2

Ehrgeizige Ziele sind also keineswegs ein Handicap auf dem Weg zur erfolgreichen Arbeitslosigkeit - vorausgesetzt, sie beziehen sich nicht konkret auf die gerade verhandelte Stelle. Rolf W., 45 Jahre, war seit seiner Ausbildung zum Bürokaufmann in derselben Firma angestellt. Dass er seine Kündigung schon in der Tasche hat, erwähnt er im Vorstellungsgespräch erst einmal nicht. Nun soll er begründen, warum er sich nach so langer Betriebszugehörigkeit woanders bewirbt. „Es ist ja für die Karriere gut, wenn man mal das Unternehmen wechselt", sagt er. Damit demonstriert er seine Bereitschaft, für sei- ★★★ Level 3 nen beruflichen Aufstieg sogar eine lieb gewordene Gewohnheit, ein kuscheliges Nest, aufzugeben. Allerdings hat sich bisher trotzdem noch kein neuer Arbeitgeber gefunden.

Besonders motivierte Aspiranten bewerben sich in möglichst großer Entfernung zu ihrem Heimatort. Mit jedem Kilometer steigen ihre Aussichten auf erfolgreiche Arbeitslosigkeit. Richard A., ein 44-jähriger Diplom-Ingenieur, wohnt mit seiner Frau und zwei Kindern in Lüneburg und hat dort von Geburt an sein ganzes Leben verbracht. Nun hat er seinen Job als Leiter der Instandhaltung verloren. Er bewirbt sich bei einer Firma in Stuttgart. Im Vorstellungsgespräch wird er gefragt, wieso er seinen bisherigen Wohnort verlassen wolle. Ein Anfänger hätte vielleicht gesagt: „Eigentlich will ich gar nicht umziehen ... aber ich muss ja." Richard A. ist jedoch gut vorbereitet und antwortet: „Führungskräfte müssen mobil sein."

★ Level 1

★★★ Level 3

Wie oft hört man Klagen von Persönlichkeiten aus Politik und Wirtschaft, die heutigen Bewerber seien nicht mobil genug! Aber wenn ein Kandidat - so wie Richard A. - mobil ist, dann scheint es auch nicht recht zu sein. Richard A. bekommt die Stelle jedenfalls nicht.

Wirklich ungemein motiviert ist Rita G., die sich im Alter von 35 Jahren um den Posten einer Geschäftsleitungs-Assistentin beworben hat. Über die Einladung zum Vorstellungsgespräch freut sie sich riesig. Sie wählt das giftgrüne, sehr knapp geschnittene Kostüm, das so hervorragend zu ihrer roten Mähne passt, und trägt darunter ein tief ausgeschnittenes Spitzentop. Warum die Reize verbergen, mit der die Natur sie so üppig ausgestattet hat? Obendrein besprüht sie sich großzügig mit ihrem Lieblingsparfüm. Wie eine leuchtende Partnerannonce betritt sie das Büro des Personalchefs. Sie begrüßt ihn mit ihrem strahlendsten Lächeln und den Worten: „Ich habe heute gerade meine Scheidung hinter mir und bin für alles offen." ★★★ Level 3

„... bin für alles offen"

Beklagenswerterweise ist der Geschäftsführer dann doch in einer wichtigen Besprechung, so dass Rita G. nicht zu ihm vorgelassen werden kann. Ein paar Tage später erhält sie ihre Bewerbungsunterlagen zurück.

Qualifikation

Neben der Motivation geht es beim Vorstellungsgespräch vor allem um Ihre Qualifikation. Schildern Sie diese so ausführlich wie möglich! Am Anfang wird man Sie häufig bitten, Ihren Lebenslauf oder „etwas über sich" zu erzählen. (★ Level 1) Birgit N. fängt mit ihrer Geburt und den Biografien ihrer Eltern an. Sie hat den Bericht über ihre Schulzeit noch nicht einmal beendet, da findet der Personalleiter: „Das reicht." Offensichtlich interessiert ihn der Lebenslauf von Birgit N. nicht wirklich, und die Bewerberin wundert sich, warum sie dann überhaupt danach gefragt wurde.

Generell sollten Sie alle Fragen eingehend beantworten. Reden Sie immer weiter, der Arbeitgeber versteht Sie sonst vielleicht nicht. Und (★★ Level 2) Sie wollen ja nicht Gefahr laufen, dass Ihre Qualifikation nicht wahrgenommen wird, bloß weil Sie sie nicht gründlich und gewissenhaft genug dargestellt haben.

Alexander H. schildert ausführlich seine 15-

jährige, erfolgreiche Laufbahn als Logistik-Sachbearbeiter. Seine Gesprächspartner erwarten allerdings von ihm eine Erläuterung, warum er sich vor einem Jahr zum SAP-Berater hat umschulen lassen und woher sein plötzliches Interesse an der EDV kommt. Als ob man nicht für mehr als einen Beruf qualifiziert sein könnte! ★★ Level 2

Franz B. kann sich viele verschiedene Tätigkeiten in dem Unternehmen, wo er sich bewirbt, vorstellen: im Empfangsbereich, in der Sachbearbeitung, im Verkauf und selbstverständlich auch als Führungskraft. Der Personalchef blickt skeptisch; es folgt kein zweites Gespräch. ★★ Level 2

Für die Mitarbeit in der Poststelle, um die sich Kuno F. beworben hat, benötigt er einen Führerschein. „Ja, den habe ich", gibt er an, „ich kann aber nicht fahren." Ihm fehle es nämlich an Fahrpraxis. „Ja, ich DARF aber nicht fahren" (zum Beispiel weil ich wegen Alkohol am Steuer meinen Führerschein abgeben musste), das wäre auch eine schöne Variante dieser Antwort. ★★ Level 2

Die vom Arbeitgeber gewünschten Fachkenntnisse lassen sich immer gut durch Fortbildung nachweisen. So hat Ursula V. in den vergangenen fünf Jahren zwölf PC-Kurse besucht. Allerdings hat sie keine Idee, was sich hinter dem Begriff „Serienbrief" verbergen könnte. Sie versteht nicht, was der Vorgesetzte damit bezweckt, dass er bei ihr solches Spezialwissen abfragt, und ist empört über diese Unfairness. ★★ Level 2

Genau so unfair ist die Erwartung von Arbeitgebern, dass immer Sie bezüglich der Qualifikation in Vorleistung treten. Beim Einstieg in eine fremde Branche zum Beispiel können Sie natürlich noch nicht mit spezifischen Fachkenntnissen aufwarten. Da obliegt es selbstverständlich dem neuen Unternehmen, Sie mit dem notwendigen Sparten-Know-how auszustatten. Das findet auch Robert F., 47 Jahre alt und früher im Bereich der IT-Dienstleistungen tätig. Nun bewirbt er sich als kaufmännischer Teamleiter in einem Unternehmen des Maschinen- und Anlagenbaus. Sein angepeiltes Jahresgehalt liegt bei 80.000 Euro. Als der Personalchef sich erkundigt, wie Robert F. sich in das neue Sachgebiet einarbeiten will, entgegnet der: „Da setze ich ganz auf Sie."

★★ Level 2

Ehrlichkeit

Nicht nur mit Ihrer Qualifikation, sondern auch mit Ihren Charaktereigenschaften können Sie Punkte sammeln. Vor allem mit Ihrer Ehrlichkeit.

Olaf P., Diplom-Chemieingenieur, beginnt seine Selbstdarstellung mit den Worten: „Ja, da habe ich dann mein Studium abgebrochen ... Und dann wusste ich nicht, was ich machen sollte ..." Tatsächlich hat er sein Diplom später an einer Fachhochschule erworben und hätte seinen

★★ Level 2

Bericht auch ganz anders anfangen können: „Ich war zehn Jahre lang Laborleiter in einer Kunststoff-Fabrik." Aber er ist ja ehrlich.

Auf die Frage, warum er seine letzte Arbeitsstelle aufgegeben habe, berichtet der Pharmareferent Ulrich C. ausführlich darüber, wie sein ehemaliger Chef ihn schikaniert hat, weil er angeblich nicht genug leistete. Die Vertriebskauffrau Christiane R. erzählt die lange Geschichte ihres Leidens unter dem Mobbing ihrer Ex-Kollegen. Franz B. hingegen erklärt unmissverständlich, dass er sich über dieses Kapitel seiner Vergangenheit lieber nicht äußert, da er ja nicht schlecht über seine frühere Firma reden möchte.

★ Level 1

★★ Level 2

Philipp H., 44 Jahre, zuletzt EDV-Leiter, sagt bereits zum vierten Mal den mit einem Personalberater vereinbarten Termin ab. Der Berater wird langsam ungeduldig und bohrt nach, um den Grund zu erfahren. Das sei ganz einfach, teilt Herr H. ihm mit: Er müsse immer seinem Lieblingsverein Werder Bremen hinterherfahren, um alle Spiele live mitzuerleben. Deshalb könne er Vorstellungstermine nur dann wahrnehmen, wenn sie in der Nähe des jeweiligen Stadions stattfänden - und natürlich rechtzeitig vor dem Anpfiff.

★★ Level 2

Selbstbewusstsein

So lobenswert Ehrlichkeit auch ist, es gibt Dinge, die gehen den Arbeitgeber einfach nichts an. Irma L., 47 Jahre, bewirbt sich bei einer Kanzlei für Familienrecht als Anwaltsgehilfin. Die Rechtsanwältin, für die Irma L. arbeiten soll, bittet die Kandidatin freundlich, zuerst einmal ein wenig über sich zu erzählen. Aber so leicht lässt Irma L. sich das Heft nicht aus der Hand nehmen. Wieso soll SIE mit dem Erzählen anfangen, wo bleibt denn da die Gleichberechtigung? „Nein", entgegnet sie der Anwältin, „jetzt erzählen SIE erst einmal etwas über SICH, damit ich sehe, ob das hier überhaupt etwas für mich ist." So macht sie ohne Umschweife deutlich, dass sie sich nicht alles gefallen lässt.

★★ Level 2

Christiane R., 29 Jahre alt und Mutter eines anderthalbjährigen Sohnes, hat sich vor dem Gespräch in einer juristischen Fachzeitschrift ausführlich über „zulässige" und „unzulässige" Fragen im Vorstellungsgespräch informiert. Der Personalchef will wissen, ob sie vorhat, noch mehr Kinder zu bekommen - in dieser allgemeinen Form eine unzulässige Frage. Wie Christiane R. gelesen hat, darf der Kandidat bei solchen Fragen lügen. Sie könnte also gefahrlos die vermutlich erwünschte Antwort geben und „Nein" sagen. Sie entscheidet sich jedoch dafür, ihr Gegenüber aufzuklären, dass er eine solche Frage

★★★ Level 3

gar nicht stellen darf. Als Bewerber muss man schließlich Selbstbewusstsein zeigen!

Und auch sonst können Sie ruhig alles zeigen, was Sie haben und auf was Sie stolz sind. Gerda U. stellt sich als Spülerin in einer Gastwirtschaft vor. Sie trägt dazu eine Auswahl ihres geliebten Schmucks, hauptsächlich Ringe, und zwar an allen Fingern beider Hände einschließlich des Daumens. Obwohl Gerda sonst oft Komplimente für ihre ausgefallenen Schmuckstücke erhält, scheinen sie dem Gastwirt wohl nicht zu gefallen. Gerda U. wird dennoch auch in Zukunft nicht auf ihren Schmuck verzichten, wenn sie zum Bewerbungsgespräch geht.

★★★ Level 3

Beim Gespräch mit Hartmut K. geht es um die Position eines Geschäftsführers mit 150.000 Euro Jahresgehalt. Herr K., 39 Jahre, verfügt über die notwendigen Erfahrungen und Kenntnisse. Darüber hinaus ist er stets modisch gekleidet und betont stolz darauf. Beim Treffen mit dem zuständigen Vorstand der Muttergesellschaft zieren mehrere aparte Ringe seine Finger, und von seinen Ohrläppchen baumeln große silberne Creolen. Schon lange vor dem Anti-Diskriminierungsgesetz trat er für die Gleichberechtigung ein und findet nicht, dass Schmuck „Weibersache" ist.

★★★ Level 3

Ein selbstbewusster Bewerber kennt natürlich seine Stärken. Bastian Z. hat zu dieser Frage eine lange Liste parat, von Flexibilität über

★★★ Level 3

Organisationstalent und Verhandlungsgeschick bis zu Teamfähigkeit. Die Personalchefin unterbricht ihn mit den Worten „Es ist angekommen". Bastian Z. betrachtet dies als Lob für die Klarheit seiner Ausführungen und als Ermutigung, weiter fortzufahren. Ein Vertragsangebot bekommt er trotzdem nicht.

★★★ Level 3

Achim M., ein 37-jähriger Diplom-Kaufmann, wird vom Personalleiter einer Versicherungsgesellschaft am Ende eines sehr angenehmen Gesprächs gefragt, warum sie denn - bei der großen Zahl von Bewerbern - gerade ihn einstellen sollten. Er sei „jung, dynamisch, erfolgreich", gibt er zurück. Über die Absage wundert er sich. Da scheint wohl ein anderer noch jünger, noch dynamischer und noch erfolgreicher gewesen zu sein.

★★★ Level 3

Und Ihre Schwächen? Hermann O., ehemaliger Gruppenleiter bei einem Automobilzulieferer, muss über diesen Punkt erst einmal nachdenken, und dann sagt er: „Ungeduld. Ich bin oft ungeduldig, besonders wenn Mitarbeiter trödeln oder ihre Aufgabe nicht ordentlich erledigen." Eine solche Schwäche ist doch ganz im Sinne des Arbeitgebers, oder nicht? Unerklärlicherweise sieht es für Hermann B. so aus, als würde der Firmenchef bei dieser Antwort die Augen verdrehen.

Verhandlungsgeschick

Irgendwann kommt in jedem Vorstellungsgespräch die leidige Frage nach dem Gehalt. Halten Sie nicht mit Ihren Vorstellungen hinterm Berg und sagen Sie frei heraus, was Sie wert sind!

Walter P., 49 Jahre, hatte vor sechs Jahren als kaufmännischer Leiter in einem Großkonzern ein Jahresbruttoeinkommen von 106.000 Euro. Jetzt bewirbt er sich in einer Branche, in der er bisher nur einmal als Aushilfe während seines Studiums gearbeitet hat. Wenn er sein früheres Gehalt pro Jahr seiner Arbeitslosigkeit um fünf Prozent erhöht, müsste er heute gut 135.000 Euro verdienen. Diese Summe nennt er als sein Wunschgehalt. An den Blicken seiner Gesprächspartner erkennt er, dass diese Firma offenbar nicht bereit ist, gute Mitarbeiter auch adäquat zu entlohnen. ★★ Level 2

Volker N. hat vor einem Jahr seine mit 140.000 Euro dotierte Stelle als Vertriebsleiter in einem Unternehmen der IT-Branche verloren. Seinem potenziellen neuen Vorgesetzten teilt er mit, er wolle die berufliche Neuorientierung nutzen, um sich finanziell „deutlich zu verbessern“. Er weiß, dass man als Führungskraft klare Ziele haben muss, und wartet auf den Tag, an dem er es einmal mit weniger kleinlichen Gemütern zu tun haben wird als in den Firmen, wo er sich bisher vorgestellt hat. ★★★ Level 3

Wenn Sie nicht genau im Bilde sind, welches

Einkommen Sie in der angestrebten Position erwarten können, fragen Sie doch einfach

★★
Level 2

herum, was Ihre Freunde und Bekannten verdienen. Nennen Sie dann den höchsten Betrag als Ihre Gehaltsvorstellung - unterhalb dessen werden Sie sich ja nicht einstufen wollen.

Scheuen Sie sich nicht, auch nach Dienst-

★★
Level 2

wagen, Überstundenabgeltung, Urlaubs- und Weihnachtsgeld zu fragen. Diese Leistungen sind vielfach üblich, und warum sollten Sie darauf verzichten?

Schwierig wird es, wenn die Firma auf all Ihre Forderungen eingeht. So wie bei Marco C., dem ein deutlich höheres Gehalt zugesagt wurde, als er früher gehabt hatte. Für die notwendige Verlegung seines Wohnsitzes würde er eine großzügige Kostenerstattung einschließlich der Maklerkosten, Kinderbetreuung und so weiter erhalten. Als Marco C. auf Einladung der Firma seine Ehefrau zum persönlichen Gespräch mitnahm, war er sehr überrascht, dass sie angesichts der Summe an finanziellen Vergünstigungen dem Umzug zustimmte. Zu Hause hatte sie noch ganz anders geklungen. Erst als Marco C. mit

★★★
Level 3

seiner Frau nochmals detailliert alle widrigen Umstände durchsprach, die so ein Wohnortwechsel mit sich bringt, wurde sie wieder anderen Sinnes. Marco C. musste daraufhin bedauerlicherweise die Stelle absagen, weil seine Frau nun doch in Göttingen wohnen bleiben wollte.

Bei Hagen V. waren drei Gespräche in seiner potenziellen neuen Firma gut gelaufen, und er erhielt den Arbeitsvertrag zugesandt. Die vereinbarte Gehaltssumme und alle Nebenleistungen fanden sich darin wieder. Das konnte nur eins bedeuten, da war Hagen V. sich sicher: Er hatte zu wenig gefordert und sich unter Wert verkauft. Ihm blieb nichts anderes übrig als nachträglich zu versuchen, sein künftiges Gehalt noch einmal kräftig zu steigern. Als er damit keinen Erfolg hatte, verlangte er einen Dienstwagen. Der wurde ihm zugesagt. Als der neue Vertrag kam, wünschte Hagen V. noch eine Anhebung der Erfolgsprämie um 20 Prozent. Daraufhin entschied sich das Unternehmen für einen anderen Bewerber.

★★★
Level 3

Das war Rettung in letzter Sekunde. Aber wenn Sie alle Lektionen in diesem Buch beherzigen, werden Sie einen Arbeitsvertrag nur in extremen Ausnahmefällen erhalten. Dagegen kommt es sehr viel häufiger vor, dass Firmen nach dem Vorstellungsgespräch viel Zeit brauchen, bis sie sich wieder bei Ihnen melden. Warten Sie den Bescheid in Ruhe ab - drei, vier, fünf, auch sechs Monate. All Ihren Bekannten und sonstigen Dränglern können Sie sagen, Sie hätten eine neue Stelle in Aussicht. Das gilt so lange, bis die Absage kommt - und in der Zwischenzeit können Sie natürlich keine neuen Bewerbungen starten.

Kapitel 9

Ratschläge sind auch Schläge

Wie Sie mit Beratern und anderen Helfern umgehen

Wenn Sie bisher alles richtig gemacht haben, wird Ihre Umwelt Sie wegen Ihrer erfolglosen Bemühungen bedauern und Ihnen aus Mitgefühl alle möglichen Hilfestellungen anbieten. Schließlich gibt es eine Überfülle an wohlmeinenden Menschen, die Ihnen bei der Arbeitssuche behilflich sein wollen und die auf jeden Fall besser wissen als Sie, wie Sie dabei vorgehen sollten. Das fängt bereits in der Schule an. Dort sind die Lehrer - die ja in aller Regel selbst nie eine einzige Bewerbung geschrieben haben - gehalten, ihren Schülern zu zeigen, wie das geht. Ferner bieten Volkshochschulen Kurse in „Bewerbungstraining" an, ebenso alle sonstigen Bildungsträger. In Fortbildungs-, Umschulungs- und ABM-Maßnahmen ist die Teilnahme am Bewerbertraining Pflicht. Die Arbeitsagentur bezahlt im eigenen Hause und in den beauftragten Unternehmen „Arbeitsberater", „Arbeitsvermittler" und „Fallmanager", um Ihnen jobmäßig auf die Sprünge zu helfen.

Auch privat können Sie Karriereberater sowie

Outplacement- und Personalberater engagieren und deren professionelle Unterstützung bei der Arbeitssuche in Anspruch nehmen.

Natürlich würden Sie keinen dieser Spezialisten jemals von sich aus aufsuchen. Was aber, wenn Ihnen solcherlei Hilfe angeboten oder gar aufgedrängt wird?

Ingo A., zuletzt Stationsleiter in der Altenpflege, ist seit anderthalb Jahren arbeitslos. Eine frühere Kollegin will ihm die Visitenkarte eines Karriereberaters geben. Ingo A. lehnt die Karte zunächst ab, verspricht aber, darüber nachzudenken. Vor so einer wichtigen Entscheidung gilt es doch, alles gründlich abzuwägen. Und bis Ingo A. mit seinen Überlegungen so weit ist, hat die Kollegin die Sache vielleicht vergessen oder den Elan verloren.

★ Level 1

Auf der nächsten Stufe nehmen Sie eine Ihnen angebotene Telefonnummer entgegen und bedanken sich herzlich. Dann bewahren Sie sie an einem sicheren Ort sorgfältig auf. Sollte der Andere so unhöflich sein und nachfragen oder gar bohren, gewinnen Sie Aufschub, denn Sie müssen ja erst einmal nachschauen, wo Sie die Telefonnummer hingetan haben.

★★ Level 2

Wenn der Wohlmeinende zu penetrant wird, schauen Sie ihn traurig an und seufzen resigniert: „Bei dreieinhalb Millionen Arbeitslosen kann der Berater [ersatzweise: der Kursus, das Training oder was immer] mir sowieso keinen

Der erfolgreiche Arbeitslose sieht das natürlich anders

Arbeitsplatz verschaffen." Oder die andere Variante: „Wenn es keine Arbeitsplätze GIBT, kann der Berater auch nichts daran ändern." Aber Vorsicht: Mit dieser Antwort darf man nur solchen Gesprächspartnern kommen, die sich nicht viel Mühe geben. Intelligenten Nachfragern hält sie nicht lange stand und erscheint womöglich gar als faule Ausrede. Also ist sie nur für Einsteiger geeignet.

★ Level 1

Selbstverständlich steht es Ihnen jederzeit frei, ein Beratungsangebot abzulehnen aus Sorge, dass Sie da in eine falsche Richtung gedrängt werden. Der Berater, der NICHT versucht, Sie zu irgendetwas zu drängen, muss sicher noch geboren werden. Aber auch mit dieser Befürchtung erklimmen Sie noch nicht die nächsthöhere Schwierigkeitsstufe. Zu viele Uneinsichtige würden von Ihnen verlangen, es ungeachtet Ihrer Bedenken wenigstens einmal zu versuchen, mit der Folge, dass Sie am Schluss doch wieder als schwarzes Schaf dastünden. Erinnern Sie sich: es geht darum, Ihr Image als ernsthaft und mühevoll Arbeitsuchender makellos rein zu erhalten.

★ Level 1

Etwas eleganter ist da schon die Lösung von Günther D.: Er ruft den Berater an, spricht auf dessen Anrufbeantworter und bittet um Rückruf. (Im Internet-Zeitalter dürfte er alternativ auch eine E-Mail schreiben.) Nach ein bis zwei Stunden tut er dasselbe noch einmal. Falls der Berater sich daraufhin nicht umgehend meldet, kommt diese Beratungsfirma für Günther D. nicht in Frage, denn „Da ist ja niemand zu erreichen." Ruft der Berater später doch noch zurück, ist es natürlich zu spät. ★★ Level 2

Diese Vorgehensweise birgt allerdings ein gewisses Risiko. Selbst wenn Sie als Zeitpunkt für Ihren Anruf/Ihre Mail den dafür günstigen späten Freitagnachmittag wählen, geht der Berater eventuell schon bei Ihrem ersten oder zweiten Anruf ans Telefon oder beantwortet Ihre Mail sehr schnell. Und schwupp, hängen Sie drin.

Deshalb akzeptieren fortgeschrittene erfolgreich Arbeitslose die angebotene Unterstützung. So wie Ludwig B., ein 49-jähriger, auf Siemens BS 2000 spezialisierter Systemtechniker. Der für ihn zuständige Arbeitsberater erklärt ihm, dass nur noch wenige Firmen mit BS 2000 arbeiten und dass es daher schwierig sei, eine neue Anstellung in seiner alten Tätigkeit für ihn zu finden. Ludwig B. berichtet nun allen: „Ich brauche mich gar nicht mehr zu bewerben. Bei der Arbeitsagentur hat man mir gesagt, ich bin ein hoffnungsloser Fall." ★★ Level 2

Gisela W., 53 Jahre, sitzt im Büro des Betriebsratsvorsitzenden ihrer früheren Firma. Der weiß von einem benachbarten Unternehmen, dass dort eine Packerin gesucht wird. Gisela W. erwähnt ihre Hüft- und Knieleiden, die sie am allzu langen Stehen, Sitzen und Laufen hindern; selbst wenn das Unternehmen ihr eine Tätig- ★★ Level 2 keit anbieten sollte, die sie im Liegen verrichten könnte, wäre ihr dies nur eingeschränkt möglich. Zudem seien ihre alten, pflegebedürftigen Eltern auf ihre Hilfe angewiesen, und sie wisse nicht, wie sie diese Verpflichtung mit einer eventuellen Anstellung unter einen Hut bringen solle. Gisela W. wirkt sehr traurig, weil der Betriebsrat sie dann doch nicht zu dem Nachbar-Unternehmen vermittelt.

Wahre Könner streben allerdings sogar von sich aus nach professionellem Rat. Denn natürlich gewinnen Sie mehr gesellschaftliche Anerkennung, wenn Sie nicht nur selbst alles Mögliche unternehmen, um einen neuen Job zu suchen (den Sie nie finden), sondern wenn Sie dazu auch noch die Unterstützung eines Profis in Anspruch nehmen. Auf diese Weise bessern Sie einerseits Ihr Image auf und tragen andererseits Ihren Teil dazu bei, einen ganzen Wirtschaftszweig am Leben zu erhalten, der sich von Hilfsangeboten für Arbeitslose ernährt und in den vergangenen Jahren ein beachtliches Wachstum zu verzeichnen hatte.

Und stellen Sie sich nur vor, welchen Triumph es Ihnen verschaffen wird, wenn Sie nach einer erfolglosen Beratung zu allen sagen: „Selbst der Outplacement-Berater hat nichts zuwege gebracht."

Bereits bei der Auswahl des Beraters sollten Sie ein paar Tipps beachten, um jede unnötige

Gefahr zu vermeiden (siehe folgende Seite). Und was kann ein Berater letztlich schon tun, was Sie nicht selbst viel besser könnten?

Eine denkbare Strategie in der Zusammenarbeit mit einem Berater oder Trainer beruht auf Ihrer grundsätzlichen Skepsis: Alles, was der Berater sagt, ist unpassend, untauglich oder sonstwie falsch - jedenfalls für Sie. So wie in den folgenden Beispielen:

Jürgen M.s „persönlicher Berater" in seiner Beschäftigungsgesellschaft empfiehlt ihm, nicht unbedingt von sich aus zu erwähnen, dass er im vergangenen Jahr an insgesamt 80 Tagen arbeitsunfähig krank geschrieben war. Dieser Rat ist moralisch verwerflich, denn - das haben Sie ja schon begriffen - man muss ehrlich sein. Jürgen M. erzählt daraufhin seinen Freunden und Bekannten: „Der hat mir regelrecht Angst gemacht, die Wahrheit zu sagen." ★★★ Level 3

Jobst E. weiß ganz genau, dass die von seinem Berater empfohlenen Initiativbewerbungen nichts bringen. In seiner früheren Firma landeten solche unverlangt eingesandten Schreiben stets im Papierkorb. Die 139 frankierten Umschläge, die er von seinem Berater für die Bewerbungsbriefe bekommen hat, leisten ihm freilich gute Dienste, um seinen zahlreichen Verwandten und Freunden wieder einmal ein Lebenszeichen zu schicken. ★★★ Level 3

Annegret B. wiederum hält gar nichts von

Welcher Berater ist für Sie der Beste?

12 Merkmale, an denen Sie erkennen, welcher Berater Ihnen die besten Chancen bietet, erfolgreich arbeitslos zu bleiben:

- Er hat keine abgeschlossene Ausbildung oder ein geisteswissenschaftliches Studium.
- Er hat keine Erfahrung in einem Wirtschaftsunternehmen oder gar keine Berufspraxis.
- Er hat nie im betrieblichen Personalwesen gearbeitet.
- Er hat niemals selbst Bewerber ausgewählt und eingestellt.
- Er erzählt Ihnen im ersten Gespräch, was ER alles für Sie tut.
- Er schildert sein Beratungsunternehmen als das Beste.
- Er verspricht Ihnen ein Arbeitsangebot aus seinen vielen Kontakten.
- Er verfährt nach Schema F.
- Er lässt Mailings und andere Bewerbungen in Ihrem Namen versenden, ohne dass Sie davon wissen.
- Er setzt Sie psychisch unter Druck, wenn Sie nach ein paar Wochen noch keinen Arbeitsvertrag haben.
- Er entwickelt keinen persönlichen Maßnahmeplan mit Ihnen.
- Er vereinbart nur dann Termine mit Ihnen, wenn Sie ihn ausdrücklich darum bitten.

Wenn bis zu drei Kriterien erfüllt sind, kann der Berater als gut für Sie geeignet gelten, bei mehr als drei als sehr gut geeignet.

der Idee ihrer Beraterin, kleinere und mittlere Unternehmen in ihre Bewerbungsstrategie einzubeziehen. Als ihre Bewerbungen an die elf Großunternehmen in ihrer Heimatstadt ohne Resonanz bleiben, wirft Annegret B. der Beraterin Versagen vor: „Ich dachte, Sie würden mir helfen."

★★ Level 2

Die zweite, recht beliebte Strategie im Umgang mit Beratern besteht darin, dass Sie deren Vorschläge mit Begeisterung aufnehmen. Später wundern Sie - und alle anderen - sich dann, warum in der Realität doch nichts dabei herauskommt.

So erging es Walter P., der sich als kaufmännischer Leiter in einem Unternehmen der Sicherheitsbranche bewerben wollte. Neben einer früheren Tätigkeit in einem Sicherheitsunternehmen konnte er auch auf eine siebenjährige Dienstzeit bei der Bundeswehr zurückgreifen. Nur fehlte ihm leider für die Zeit als Berufssoldat der Nachweis. Trotz mehrerer geschickt platzierter Denkanstöße seines Beraters fiel ihm nicht ein, wie er diesen Nachweis im Nachhinein beibringen könnte. Sein Berater schlug Herrn P. daraufhin vor, sich über Ehemaligen-Treffen die Adressen seiner früheren Vorgesetzten zu besorgen und diese dann um eine persönliche Referenz zu bitten.

Herr P. zeigte sich sehr motiviert und war stolz, als er tatsächlich kurz darauf zu einem „Ehemaligen-Frühstück" seiner Bundeswehr-Kameraden

★★★
Level 3

eingeladen wurde. Mehrere Wochen später, als der Berater ihn danach fragte, berichtete der Ex-Offizier, dass er tatsächlich die Adressen von zweien seiner damaligen Chefs bekommen habe. Aber es habe seiner Ansicht nach überhaupt keinen Sinn, sich an diese zu wenden, denn eine Teilnahme an Wehrübungen stehe ihm auf Grund seines Alters ja nicht mehr offen.

Was denn das Eine mit dem Anderen zu tun habe, fragen Sie als Leser vielleicht, und wieso die Referenz auf der Strecke geblieben sei? Das hat der Berater sich auch gefragt. So eine partielle Amnesie ist jedoch ein äußerst nützliches Werkzeug für den erfolgreichen Arbeitslosen, genauso wie ein unerschöpflicher Vorrat an Begründungen, warum etwas keinen Sinn hat.

Josef C., ein 51-jähriger Organisationsprogrammierer und EDV-Berater, war nach seiner ersten Bewerbungskampagne ebenfalls nicht zu einem neuen Arbeitsvertrag gekommen. Eine äußerst großzügige Abfindung seines Ex-Arbeitgebers hatte ihm ein finanzielles Polster verschafft und versetzte ihn in die Lage, zur Not auch für ein geringeres Gehalt zu arbeiten. Daher empfahl ihm sein Jobcoach, sich auf eine Position zu bewerben, die sehr häufig ausgeschrieben wird: als kaufmännischer Sachbearbeiter. Dabei könne Josef C. doch seine Ausbildung als Industriekaufmann und seine frühere Berufspraxis ins Spiel bringen. Der Gecoachte fand die Idee überzeugend und änderte sein Bewerbungsanschreiben entsprechend. Seine Bewerbungsmappe ließ er jedoch so, wie sie war - mit dem Lebenslauf und Know-how-Profil eines hochkarätigen EDV-Spezialisten. Demgemäß blieben auch bei dieser Kampagne die Absagen nicht aus, und Josef C. fand seine Vorahnung bestätigt, dass sogar Jobcoaching nicht zum Erfolg führt.

★★★ Level 3

Eine dritte Strategie im Umgang mit Hilfsangeboten entwickelte Lothar K. Ihm gelang bereits bei der ersten Kontaktaufnahme der Beweis, weswegen Beratung eben nicht funktioniert. Und das bewerkstelligte er so: Er rief einen Outplacement-Berater an, nannte seinen Namen und sagte, er benötige eine Auskunft. Dann begann er, die lange, komplizierte Geschichte einer seit mehreren Monaten laufenden Bewerbung in all ihren Stadien zu erzählen. Nun wolle er nur wissen, wie er sich in der jetzigen Phase am besten verhalten sollte. Der Berater war gerne bereit, hierzu einen Rat zu erteilen, erklärte Herrn K. jedoch, eine solche Beratung sei natürlich honorarpflichtig. Lothar K. beendete daraufhin wütend das Gespräch, indem er einfach auflegte.

Herr K. hatte sein Anliegen ausdrücklich als „Auskunft" deklariert (und nicht etwa als „Beratung"). Verständnisvolle Zuhörer werden ihm durchaus darin zustimmen, dass der Berater sich durch die Verweigerung einer kleinen „Auskunft" als geldgieriger und hartherziger Unmensch selbst disqualifiziert hat.

★★★ Level 3

Kapitel 10

Wenn alle Stricke reißen

Wie Sie sich in der Probezeit verhalten

Nun haben Sie alles getan, um erfolgreich arbeitslos zu bleiben, und trotzdem passiert es Ihnen: Sie werden eingestellt. Irgendetwas ist schief gelaufen. Und überdies akzeptiert Ihr neuer Arbeitgeber sogar Ihre nachträglichen Gehaltsforderungen? Kein Grund zu resignieren, noch ist nichts verloren! Auch in der Probezeit gibt es genug Möglichkeiten, wie Sie Ihr Ziel weiter verfolgen können.

In der Zeit zwischen Unterzeichnung des Arbeitsvertrages und tatsächlichem Arbeitsbeginn sollten Sie jeden Kontakt mit Ihrer neuen Firma vermeiden, selbst wenn es sich um mehrere Monate handelt! Sonst könnte Ihnen das leicht als Übereifer ausgelegt werden. ★★ Level 2

Allerdings scheuen manche Arbeitgeber sich nicht, noch vor Beginn der Gehaltszahlungen Einsatz von Ihnen zu verlangen. Martha S., mit 52 Jahren frisch gebackene Alleinsekretärin in einer Unternehmensberatung, erhielt von ihrem zukünftigen Chef eine CD mit seiner Textverarbeitungs-Software. Sie möge sich doch an ihrem häuslichen Computer schon einmal damit vertraut machen. Unentgeltlich zu Hause arbeiten werde sie auf keinen Fall, entgegnete Martha S. Und mit der Einarbeitung werde sie erst nach dem 1. Juli beginnen, vorher bekäme sie ja noch kein Geld. Aus demselben Grund nahm auch Heiner G. nicht an einem Strategie-Workshop seiner neuen Abteilung teil, zu dem man ihn eingeladen hatte. Der Termin lag eine Woche vor seinem Eintrittsdatum.

★★ Level 2

Der erste Arbeitstag kommt früh genug, und dann zeigen Sie sich natürlich von Ihrer besten Seite. So wie Karl F., ein junger Diplom-Ingenieur frisch von der Hochschule, der zum 1. Mai 2007 seine erste Festanstellung bei einem Werkzeug-Produzenten erhalten hatte. Pünktlich um sieben Uhr stand er vorm Werkstor. Der Pförtner machte ein verdutztes Gesicht und wollte ihn nicht einlassen, da der Betrieb - wie an allen Feiertagen - geschlossen sei. Karl F. hatte sich in der Tat schon gewundert, dass keine Autos auf dem Mitarbeiter-Parkplatz standen. Aber so leicht ließ der junge Mann sich nicht abweisen. In seinem Arbeitsvertrag sei der 1. Mai als Beginn festgelegt, und das sei juristisch bindend. Erst der Personalleiter selbst, den der Pförtner aus dem Bett klingeln musste, konnte Karl F. überzeugen, wieder nach Hause zu gehen. Niemand würdigte seinen Eifer und seine Gewissenhaftigkeit, und das Arbeitsverhältnis hielt nicht lange.

★★★ Level 3

Auch wenn alle Stricke reißen, gibt es noch Hoffnung

Pünktlichkeit zahlt sich also nicht aus. Daher können Sie ebenso gut auch ab und zu einmal morgens ausschlafen, insbesondere nach einer langen Nacht. Der Monteur Gerd L. zum Beispiel hatte seine Volleyballmannschaft zu einem Auswärtsspiel begleitet. Nach dem Sieg war ordentlich gefeiert worden, und so verzögerte sich am nächsten Tag seine Ankunft auf der Baustelle ein wenig. Statt um halb acht traf er erst um elf Uhr dort ein. Er machte kein großes Aufheben davon, so etwas kann doch jedem mal passieren. Dem Vorarbeiter hingegen fiel es nicht ein, Gerd L. zu loben, weil er sich trotz seines Katers pflichtbewusst eingefunden hatte. Vielmehr regte er sich über dessen Verspätung furchtbar auf, und eine Woche später lag die Kündigung im Briefkasten.

★ Level 1

Mit einem ähnlichen Mangel an Toleranz musste sich Bernd H. in seiner neuen Firma auseinander setzen. Der 47-Jährige hatte einen Magisterabschluss in Germanistik und Politikwissenschaft und war lange Zeit Hartz-IV-Empfänger gewesen. Nun bekam er einen Job als Zeitungszusteller. Direkt in seine zweite Arbeitswoche fiel sein Geburtstag. Am Tag danach verschlief Bernd H. Seine Kunden erhielten die Zeitung nicht wie gewohnt vor sechs Uhr, sondern teilweise erst nach zehn. Bernd H.s Chefin erteilte ihm eine Rüge. Der Zusteller empfand dies als reine Willkür, machte die Sache unter seinen Kollegen publik und appellierte an deren

★★ Level 2

Solidarität. Reichlicher Alkoholgenuss sei unter Zeitungszustellern nun mal weit verbreitet, das wisse jeder. Wieso ausgerechnet ihm das zum Vorwurf gemacht würde? Auch seine Kunden bat Bernd H. um Hilfe. In einem Brief schilderte er ihnen den Sachverhalt: „Mein Ausbeuter setzt mich unter Druck." Über die wenig später ausgesprochene Kündigung war er empört!

★★★ Level 3

Wohldosierte Pünktlichkeit ist eine Sache. Überdies verstehen Sie - als erfolgreich Arbeitsloser in der unbeabsichtigten Rolle des neuen Mitarbeiters - Ihr Engagement durch interessierte Fragen zu demonstrieren. „Wo kann ich meinen Dienstwagen in Empfang nehmen?", war die erste Frage des neuen Verkaufsleiters, der vor zweieinhalb Monaten eingestellt worden war und seitdem nichts von sich hatte hören lassen. - „Wo ist die Kantine", wollte die Kundenberaterin Jana B. wissen, noch bevor sie ihren Schreibtisch gezeigt bekam.

★★ Level 2

★★ Level 2

Weiterhin nutzen Sie Verbesserungsvorschläge als Instrument, um Ihr Ziel zu erreichen. Ihre neuen Kollegen freuen sich bestimmt, wenn Sie sie auf ihre Fehler aufmerksam machen und ihnen detailliert erklären, wie solche Dinge in Ihrer früheren Firma gemacht wurden.

★★ Level 2

Eine durchgreifende Verbesserung initiiert Jakob R., 41 Jahre alt und Steuerfachangestellter. In seiner neuen Kanzlei findet er die Verknüpfung zwischen den laufenden Buchungen und den

Bilanzdaten unübersichtlich. Eines Abends, als nur noch der Chef und er selbst im Büro sind, stellt Jakob R. die Kanzleisoftware auf die von ihm bevorzugte Variante um. Am nächsten Morgen haben die Kollegen keinen Zugriff auf die gespeicherten Bilanzen mehr, und der Datenaustausch mit den Mandanten klappt natürlich auch nicht. Statt sich über die Optimierung zu freuen und die notwendigen Anpassungen von einem Spezialisten vornehmen zu lassen, erteilt der Chef Herrn R. eine Abmahnung. Wenig später folgt die Entlassung.

★★★ Level 3

Haben Sie schon die Erfahrung gemacht, dass Ihr Engagement nicht belohnt wird, dann tun Sie nur noch das Nötigste. Schließlich zahlt man Ihnen auch nur das Nötigste als Gehalt, und niemand gibt Ihnen etwas extra. Georg A., Taxifahrer in Düsseldorf, antwortet auf die Frage eines Fahrgastes, ob zurzeit in Düsseldorf eine Messe sei: „Das interessiert mich nicht." Diese sehr direkte Bemerkung könnte freilich falsch aufgefasst und als Unhöflichkeit ausgelegt werden. Leser dieses Buchs wissen es besser und bieten dem Fahrgast eine Lösung an: „Da müssten Sie vielleicht einmal in einen Messekalender schauen." Schließlich ist Georg A. Taxifahrer und kein Messe-Organisator.

★ Level 1

★★ Level 2

Nicht nur Kunden verlangen oft übermäßig viel für wenig Geld. Desgleichen musste Lutz K. bei seinem Arbeitgeber eine völlig unrealistische Erwartungshaltung feststellen. Nach den ersten zehn Wochen in seiner neuen Position als Verkaufsleiter fragte ihn sein Geschäftsführer, wie viele Kunden er in dieser Zeit besucht und wie viele Aufträge er hereingebracht habe. So kurzfristige Aktionen seien überhaupt nicht abgesprochen gewesen, hielt Lutz K. dem Chef entgegen. „Ich bin doch eingestellt worden, um zu beobachten!" Und mit der Aufgabe des Beobachtens war er vollständig ausgelastet.

★★ Level 2

Marita N., 23 Jahre alt, hatte vor kurzem ihre Stelle als Arzthelferin in einer gynäkologischen Praxis angetreten. Natürlich konnte sie deswegen ihren Freund und ihre Clique nicht vernachlässigen. Und die Öffnungszeiten der Praxis lagen wirklich ungünstig. Obwohl die Ärztin nur in höchstens ein bis zwei der wöchentlich acht Sprechstunden allein, ohne ihre Helferin, auskommen musste, blieb sie unzufrieden. Als sie ihrer Mitarbeiterin schließlich die Auflösung des Arbeitsverhältnisses vorschlug, konnte Marita N. nicht mehr an sich halten: „So etwas Anmaßendes habe ich ja noch nie erlebt! Dabei müssten Sie mir dankbar sein, dass ich überhaupt noch komme. Meinen Sie, es macht mir Spaß, jeden Tag meine Freunde endlos lange hinzuhalten? Ich wollte Sie nur nicht im Stich lassen, weil ich weiß, wie schwierig es für Sie ist, einen Ersatz zu finden." Aber Undank ist der Welt Lohn, denn die Ärztin ließ Marita N. trotzdem gehen.

★ Level 1

★★★ Level 3

Yvonne T., 32 Jahre und allein erziehende Mutter eines vierzehnjährigen Sohnes, verlor ihren Job bei einem Gebäudereinigungsunternehmen schon nach fünf Wochen. Der Chef wollte ihr nur die Tage bezahlen, an denen sie die ihr zugewiesenen Treppenhäuser auch wirklich geputzt hatte. Dies quittierte Frau T. mit den Worten: „Ich hätte sowieso gekündigt. Sie sind mir zu materiell. Ich bin eher spirituell."

★★ Level 2

Jetzt hat Yvonne T. wieder Zeit, sich den höheren Werten zuzuwenden. Ebenso wie Sie, lieber Leser, wenn Sie die Anregungen aus diesem Buch kompetent und kreativ umgesetzt haben.

Kapitel 11

„Bleibt schön wach und schlaft nicht ein“

- oder doch das Gegenteil?

Sie haben nun gelernt, auf welchen Wegen Sie erfolgreich arbeitslos bleiben können. Sie haben gesehen, wie viel Geschick, Intelligenz und Erfahrung Sie dazu brauchen und wie sehr Sie sich anstrengen müssen. Und für all diese Mühen bekommen Sie am Ende weder Lob noch Gehalt noch eine silberne Uhr zum 25-jährigen Jubiläum. Außerdem fehlen Ihnen die Kontakte und die soziale Anerkennung, die eine Erwerbstätigkeit mit sich bringt. Liegt in diesem Zustand wirklich das Ziel Ihrer Wünsche?

Stellen Sie sich vor, Sie träfen die Entscheidung, den gesamten für die Aufrechterhaltung Ihrer erfolgreichen Arbeitslosigkeit notwendigen Aufwand ab sofort in Ihre neue Anstellung zu investieren. Was würde dann geschehen? Sie gingen jeden Morgen zur Arbeit, bekämen Geld für das, was Sie tun, und wenn Sie gefragt würden, was Sie beruflich machen, könnten Sie voller Stolz den Namen Ihrer Firma nennen. Wie würde sich das anfühlen? Würde es Sie nicht zufriedener und glücklicher machen?

Studien belegen, dass 90 % der Arbeitslosen gerne einen Job hätten (z. B. Oschmiansky 2003). Womöglich gehören Sie ebenfalls zu dieser Gruppe. Bestimmt wollten Sie ursprünglich gar nicht arbeitslos sein, sondern sind ohne eigenes Zutun in diese Situation geraten. In Ihrer Unerfahrenheit brachten Ihre Bemühungen um eine Stelle Ihnen nichts als Frustration und Misserfolgserlebnisse. Oder vielleicht hat Ihr früherer Job Sie gelangweilt, Sie ausgelaugt oder krank gemacht, so dass Sie sich nicht vorstellen können, sich Derartigem noch einmal auszusetzen.

Aber sicher gibt es auch für Sie eine Tätigkeit, die Sie ausfüllen würde, die Ihnen Freude bereitet und aus der sich ein Erwerb machen ließe - wenn Sie nur wüssten wie.

Kennen Sie den Disney-Film „Mary Poppins“? (Kleine Information für die Jüngeren unter Ihnen: Der Film lief in den Kinos, als Ihre Eltern klein waren, und Mary Poppins ist so eine Art Super-Nanny.) In der Filmszene, als für die Kinder Schlafenszeit ist, singt Mary Poppins ihnen vor:

> Stay awake, don‘t rest your head.
> Don‘t lie down upon your bed.
> While the moon drifts in the skies,
> Stay awake, don‘t close your eyes.
> Though the world is fast asleep,
> Though your pillow‘s soft and deep,

You're not sleepy as you seem.
Stay awake, don't nod and dream.
Stay awake, don't nod and dream …

Im deutschen Text wird das Prinzip leider nicht durchgehalten, wahrscheinlich weil es den Übersetzern mehr auf die synchrone Lippenbewegung ankam als auf den Inhalt:

Bleibt schön wach und schlaft nicht ein.
Schaut ein Stern zum Fenster rein.
Euer Bett ist warm und weich.
Augen auf, sonst schlaft ihr gleich.
Alles schläft schon fest und träumt.
Nur wer wach ist, nichts versäumt …

Mary Poppins fordert die Kinder auf, das Gegenteil von dem zu tun, was sie eigentlich sollen: nämlich NICHT zu schlafen, sondern wach zu bleiben. Statt wie die meisten Erwachsenen Druck auf die Kinder auszuüben, zu meckern, zu schimpfen und zu drohen, legt das seltsame Kindermädchen ihnen nahe, genau das zu tun, was sie eigentlich wollen (oder zu wollen glauben). Auf diese ungewöhnliche Weise erreicht sie, dass ihre Schutzbefohlenen sanft und selig einschlafen, noch bevor das Lied zu Ende ist.

Mein Buch bietet Ihnen die Chance, es genauso zu verstehen wie Mary Poppins' Schlaflied. Ich habe Sie ermuntert, arbeitslos zu bleiben,

Schlaft bloß nicht ein!

und Ihnen eine Menge Tipps und Tricks verraten, wie Sie das bewerkstelligen können. Und ich freue mich, wenn ich dadurch das Gegenteil erreiche, nämlich dass jeder meiner Leser einen guten Arbeitsplatz findet, vielleicht noch ehe er das Buch ganz ausgelesen hat. Und wenn zu guter Letzt keiner arbeitslos bleiben muss.

Indem Sie alle Strategien und Taktiken, die in diesem Buch beschrieben werden und die zur erfolgreichen Arbeitslosigkeit führen, einfach NICHT anwenden, vollziehen Sie bereits die Kehrtwendung. Tun Sie nur stets das genaue Gegenteil, und Ihr Traumjob wird nicht lange auf sich warten lassen.

Natürlich kostet das harte Arbeit, viel Mühe und oft mehrere Hundert Versuche. Vielleicht schaffen Sie es nicht allein, sondern brauchen Unterstützung beim Definieren Ihrer Ziele, beim Erarbeiten Ihrer Strategie oder bei deren Umsetzung. Dazu sollten Sie wissen, dass es Berater gibt, die nicht dem in Kapitel 9 dargestellten Profil entsprechen. Neben den Blindgängern existieren auch hochkarätige Fachleute, die ihr Handwerk verstehen, weil sie bestens ausgebildet und erfahren sind. Und die werden Ihnen helfen, Ihre eigenen Ressourcen zu mobilisieren, um Ihr berufliches Ziel zu erreichen.

Nur Mut, selbst die längste Reise beginnt mit dem ersten Schritt!

Wie sagte doch Thomas Mann: „Arbeit ist

schwer, ist oft genug ein freudloses und mühseliges Stochern. Aber *nicht* arbeiten - das ist die Hölle."

Kapitel 12

Ungetröstet, aber nicht ohne Hoffnung

Ein unentbehrliches Nachwort

Ursprünglich hatte ich nicht geplant, in einem Nachwort mein eigenes Buch zu erklären. Die Stimme des allwissenden Autors sollte den Leser in ironischem Plauderton von Kapitel zu Kapitel führen. Ganz am Schluss sollte er dann doch seine ernste Seite zeigen und enthüllen, dass es sich bei dem vorliegenden Ratgeber um das psychotherapeutische Mittel der „paradoxen Intervention" handelt. Bei diesem Verfahren erhält derjenige, der an einem bestimmten Symptom leidet, den Auftrag, ebendieses Symptom bewusst herbei zu führen. Das macht nicht nur viel Spaß, sondern erzielt auch Wirkung: In aller Regel verschwindet das Symptom dadurch. Die Technik ist selbst unter Laien durchaus bekannt und beliebt, wie das Beispiel von Mary Poppins im vorigen Kapitel zeigt. Als die ihr anvertrauten Kinder - wie alle Kinder - zur Schlafenszeit nicht müde sind, singt sie ihnen vor: „Bleibt schön wach!" Und was passiert? Natürlich das Gegenteil - probieren Sie es selbst!

Erst durch die Reaktion von Freunden, Bekannten und fremden Probelesern auf mein Manuskript wurde ich gewahr, an welches Tabu ich mit dem Thema dieses Buchs rühre. „Das kannst du doch so nicht schreiben“, sagten die Vorsichtigen. „Das wird bestimmt missverstanden!“, warnten die Ahnungsvollen. „Gibt es denn überhaupt Menschen, die NICHT arbeiten wollen?“, fragten die Angepassten. „Schon wer diese Frage aufwirft, wird der Beleidigung von Arbeitslosen bezichtigt“, erklärten die auf politische Korrektheit Bedachten. „Lass das, es ist zu gefährlich“, sprachen alle im Chor.

In dieser Situation fühlte ich mich fast so wie ein Arbeitsloser, der seine fünfundzwanzigste Absage bekommt. Mein Buch, nicht gut genug? Dann eben nicht! Wären meine Nichte und mein Doktorvater nicht gewesen, wer weiß, ob ich nicht aufgegeben hätte. Diese beiden und ein paar andere brachten mich dazu, noch einmal genau zu überlegen, warum ich überhaupt einen Bewerbungsratgeber schreiben wollte und warum gerade so einen.

Navigare necesse est, sagen die alten Lateiner: Seefahrt tut Not. Die Jüngeren kennen den Begriff „Navigation“ nur von ihrem Auto, wo das Navigationssystem sie sicher an ihren Bestimmungsort führt, ohne dass sie selbst Karten studieren oder um Auskunft fragen müssen. Ein „Navi“ für die erfolgreiche Bewerbung fehlt jedoch, obwohl eine neue Arbeitsstelle sehr viel komplizierter zu finden ist als eine Adresse. Von Karriereberatung haben die meisten noch nichts gehört, und die Arbeitsagentur ist keine Hilfe. Im Gegenteil: Viele Bewerber bekommen dort gesagt, sie seien nicht oder nicht mehr vermittelbar.

Zudem wird die Jobsuche generell immer schwieriger. Täglich lesen wir neue Meldungen über Massenentlassungen; ein Ende ist nicht in Sicht. Neben dreieinhalb Millionen offiziell Arbeitslosen befindet sich rund die Hälfte der Beschäftigten in so genannten „atypischen" Arbeitsverhältnissen - also geringfügigen Beschäftigungen und Teilzeitjobs, befristeten Verträgen und Leiharbeit. Hinzu kommen noch die zahllosen Freiberufler und Ich-AGs. In erschreckend vielen Fällen reichen die Arbeitseinkünfte dieser Menschen kaum für den Lebensunterhalt.

Der unbefristete Vollzeit-Arbeitsplatz wird mehr und mehr zur Mangelware. Wer sich um eine dieser Raritäten bewirbt, muss viele Hundert Konkurrenten aus dem Feld schlagen. Er darf keine Schwäche zeigen und sich keine Tollpatschigkeit erlauben.

Menschen, die zeitlebens in ein- und derselben Firma gearbeitet haben, sind diesen Anforderungen oft nicht gewachsen. Zuerst wirft die unerwartete Entlassung ihren seit Jahrzehnten fest stehenden Lebensplan über den Haufen. Im nächsten Stadium erfahren sie dann noch ihre Unzulänglichkeit als Bewerber. Schließlich haben sie nie gelernt, wie man sich bewirbt. Ihre Lehrstellen wurden ihnen von Vätern, Tanten oder Nachbarn vermittelt. Es kam vor, dass die Personalabteilung einen jungen Mann zu Hause anrief und fragte, ob er nicht auch in der Firma anfangen wollte, wo sein Onkel schon als Pförtner arbeitete. Danach folgten Beförderungen und Gehaltserhöhungen quasi automatisch.

In ihrer neuen Rolle als Bewerber müssen die nach langjähriger Betriebszugehörigkeit Gekündigten heute überrascht feststellen, dass die von ihnen hoch gehaltenen Kardinaltugenden, ehrlich, pünktlich und fleißig zu sein, kaum noch etwas bedeuten. Von dem, was an deren Stelle verlangt wird, fehlt ihnen jegliche Vorstellung. Gefangen in ihrem vertrauten Arbeitnehmerdenken gelingt es ihnen nicht, sich einmal in die Situation eines Arbeitgebers zu versetzen.

Doch sogar Jüngere haben im Wettkampf um den festen Arbeitsplatz schlechte Karten. „Selten zuvor war der Berufseinstieg so schwierig wie heute. Rund 30.000 Schulabgänger und ein Viertel der Hochschulabsolventen blieben im Jahr 2006 auf der Strecke.“ (Ogger 2007) Ohne Ziel und Orientierung, mit nichts anzubieten als ihrer jugendlichen Naivität, glauben die Betroffenen, dass irgendwie von selbst ein Karriereweg auftaucht. Sie schreiben fünf oder zehn Bewerbungen, und nach der zehnten Absage wissen sie dann nicht mehr weiter. Viele landen nach dem Studium auf Praktikumsplätzen, die Hälfte davon ohne Entgelt. Die optimistische Erwartung, dass sich aus der unbezahlten Schufterei eine Festanstellung ergibt, erfüllt sich nur selten.

In meinem Beruf beobachte ich täglich, welche kapitalen Fehler bei der Bewerbung gemacht werden. Mit traumwandlerischer Sicherheit tappen die Kandidaten in jedes nur denkbare Fettnäpfchen - so wie jemand, der wirklich bewusst auf eine Absage abzielt, es nicht besser vormachen könnte.

Oft fällt es schwer, bei solch falschem Verhalten noch an Unwissen oder mangelnde Erfahrung zu glauben. Viel eher resultiert es wohl aus einer generellen Mutlosigkeit. Die an Kritik nicht Gewöhnten empfinden jede Absage auf ihre Bewerbung als persönliche Kränkung und werfen angesichts der häufig demütigenden Reaktionen auf ihre ungeschickte Präsentation sehr schnell die Flinte ins Korn. Lieber vorsorglich zu Hause bleiben als sich eingestehen, dass man modernen Interviewmethoden und Auswahlverfahren nicht gewachsen ist. Oder gar, dass man den Anforderungen der Arbeit an sich nicht mehr genügt.

Offen zugeben tut das kaum jemand, vielleicht nicht einmal vor sich selbst. Zu groß ist die Angst, entweder als Versager oder als Faulpelz und Drückeberger dazustehen. Ratschlägen zur Verbesserung ihrer Bewerbungen begegnen diese Menschen mit Misstrauen. Vielfach weigern sie sich sogar, einen Rat überhaupt anzuhören. Und im Extremfall lehnen sie pauschal jeglichen Kontakt mit dem potenziellen Ratgeber ab.

Auf die konventionelle Art - mit Tipps und Hinweisen für eine erfolgreiche Bewerbung - sind diese Kandidaten also nicht zu erreichen. Und wenn etwas nicht funktioniert, sagt die dritte Regel des lösungsorientierten Vorgehens: Mache etwas Anderes! So kam mir die Idee mit dem Gegenteil. Wenn eine bestimmte Art von Bewerbern sowieso alles tut, was dazu führt, dass sie arbeitslos bleiben, dann werden sie eben von meinem ironischen Autor jetzt ausdrücklich damit beauftragt, genau diesen Zustand bewusst herbeizuführen. „So bleiben Sie erfolgreich arbeitslos" heißt: Wenn Sie arbeitslos bleiben WOLLEN, dann müssen Sie es so machen, wie es in diesem Buch geschrieben steht.

Der Kunstgriff funktioniert. Dabei geht es mir keinesfalls darum, betrügerisches Verhalten zu provozieren. Ich bin der Meinung, dass den Menschen, die ohne eigene Fehler oder Versäumnisse ihren Job quittieren mussten und denen der Staat beim Finden einer neuen Arbeitsstelle nicht zu helfen imstande ist, gleichwohl das Recht auf eine menschenwürdige und geachtete Existenz zusteht - auch wenn dies bedeutet, dass sie weiter unter dem Schutz des Arbeitslosengeldes II zu bleiben vermögen.

Hinter der ersten schaut aber die zweite Bedeutung des Titels hervor. „So bleiben Sie erfolgreich arbeitslos" kann ebenfalls heißen: Wenn Sie wie in den geschilderten Fällen zu Werke gehen, dann bleiben Sie garantiert arbeitslos, ob Sie wollen oder nicht. Und in dieser Bedeutung steckt meine Hoffnung, dass Ihnen jetzt auch der Weg offen steht, es anders zu machen.

In sechzehn Jahren als Outplacement- und Karriereberaterin habe ich immer wieder erlebt, wie sehr es vom Grad der Motivation, von der Kraft, Niederlagen einzustecken, und vom individuellen Auftreten abhängt, ob jemand eine Stelle bekommt. Damit will ich die gesellschaftlichen Ursachen von Arbeitslosigkeit weder abstreiten noch beschönigen. Auch ich glaube nicht, dass unsere Wirtschaft im Handumdrehen 3,8 Millionen neue Arbeitsplätze schaffen könnte.

Dennoch liegt es bei jedem Einzelnen selbst, seine Erfolgsaussichten bei der Arbeitssuche um ein Vielfaches zu erhöhen. Die Fähigkeit, eigene Fehler zu erkennen und auszumerzen, seine Bewerbung attraktiv zu gestalten und sich im Auswahlinterview überzeugend darzustellen, ist nicht angeboren, sondern erlernbar. Und auch lehrbar, wenn der Bewerber bereit ist, auf den Lehrer zu hören, der heutzutage als Trainer, Berater oder Coach auftritt.

Mit diesem Buch möchte ich alle Traumatisierten aufrütteln - alle, die an sich und ihrem Können zweifeln, bei denen Resignation sich eingeschlichen hat und auch die, die den Kampf schon aufgegeben haben. Ich will sie anspornen, Fehlschläge nicht als Niederlagen zu betrachten und es unbeirrt ein ums andre Mal erneut zu versuchen. Ich will ihnen zeigen, dass es sich lohnt, selbst die Initiative zu ergreifen, und dass es Hilfe von Fachleuten gibt. Die folgenden zehn Tipps für erfolgreiche Bewerber sollen als Anregung dienen, um sich mit verbesserter Strategie und Taktik neue Chancen zu erschließen.

Kapitel 13

Zehn Tipps für erfolgreiche Bewerber

1. Das Ziel kennen

- Traumberuf -

Der erfolgreiche Bewerber weiß, was er will. Er hat das, was er am allerliebsten tut, zu seinem Beruf gemacht. Die Freude an seiner Arbeit gibt ihm immer genug Kraft, um sich und seine Familie damit zu ernähren, auch in schlechten Zeiten. Wenn er in einer Firma seinen Job verliert, findet er im Handumdrehen etwas Neues oder macht sich selbstständig.

2. Ohne Fleiß kein Preis

- Eigeninitiative -

Der erfolgreiche Bewerber wartet nicht, bis jemand an seiner Haustür klingelt und ihm seinen neuen Job auf dem Silbertablett serviert. Er wird selbst aktiv und setzt alle Hebel in Bewegung. In seine Bewerbungskampagne investiert er genauso viel Arbeit wie in eine Vollzeit-Anstellung. Rückschläge verkraftet er gut, weil er immer mehrere Eisen im Feuer hat.

3. Eine gute Strategie

- Zielgerichtete Arbeitssuche -

Der erfolgreiche Bewerber sieht ein Unternehmen nicht als Anlaufstelle für seine Versorgungsansprüche. Vielmehr agiert er wie ein Verkäufer, der dem Arbeitgeber einen Nutzen bietet und dafür eine Vergütung erhält. Er zeigt dem Unternehmen, was er leisten kann, um dessen Umsätze und Gewinne zu steigern.

4. Das rechte Maß

- Selbstpräsentation -

Der erfolgreiche Bewerber knausert nicht und übertreibt nicht. Sein Foto misst etwa 6 mal 9 Zentimeter, seine schlichte, praktische Bewerbungsmappe umfasst maximal 7 bis 10 Dokumente. Sein Anschreiben passt auf ein Blatt; sein Lebenslauf darf sich über zwei bis drei Seiten erstrecken. Er tritt bescheiden, jedoch nicht unterwürfig auf und strahlt Selbstvertrauen aus, ohne arrogant oder anmaßend zu wirken.

5. Profil zeigen

- Bewerbungsmappe -

Der erfolgreiche Bewerber gestaltet seine Bewerbungsunterlagen so, dass der Arbeitgeber seine Eignung für den angestrebten Job erkennt. Er legt den Schwerpunkt auf diejenigen Erfahrungen und Kompetenzen, die ihn dafür qualifizieren.

6. Arbeitgeberbedürfnisse ernst nehmen

- Anschreiben auf Stellenangebote -

Der erfolgreiche Bewerber befasst sich gründlich mit einem Stellenangebot, bevor er es beantwortet. Seine Analyse beginnt ganz oben, bei der Selbstdarstellung des Unternehmens und der Beschreibung der Aufgaben. Er versteht, worauf es bei der ausgeschriebenen Position ankommt, und arbeitet in seinem Anschreiben Punkt für Punkt alles ab, was er in Bezug auf die Anforderungen zu bieten hat. Dabei vergisst er auch seine Englisch- und EDV-Kenntnisse nicht.

7. Stärken herausfiltern und richtig platzieren

- Zielgruppenbewerbung -

Der erfolgreiche Bewerber besinnt sich auf seine besonderen Stärken. Dann findet er heraus, welche Unternehmen Bedarf an seinem Können haben. An diese wendet er sich, lange bevor sie ein Stellenangebot veröffentlichen. So erschließt er den verdeckten Stellenmarkt und verschafft sich dadurch Vorteile.

8. Chancen erhöhen

- Wege zum Markt -

Der erfolgreiche Bewerber kennt mehr als einen Weg zum neuen Job. Er reagiert auf Angebote in Printmedien und Internet-Jobbörsen, er schaltet auch ein eigenes Stellengesuch. Die Möglichkeiten der Agentur für Arbeit schöpft er aus, einschließlich der angeschlossenen Institutionen wie ZAV (Zentrale Auslands- und Fachvermittlung). Er geht von selbst auf Firmen zu, nicht nur per Telefon, Brief und E-Mail, sondern auch persönlich. Sein berufliches und privates Kontakt-Netzwerk nutzt er, um seinen Aktionsradius zu erweitern. Und er optimiert seinen Auftritt mit der Unterstützung eines Outplacement- oder Karriereberaters.

9. „Warum sollen wir gerade Sie einstellen?"

- Vorstellungsgespräch -

Im Vorstellungsgespräch zeigt der erfolgreiche Bewerber, dass er sich mit seinem zukünftigen Unternehmen und seiner Tätigkeit dort intensiv beschäftigt hat und dass er die anstehenden Aufgaben lösen kann. Außerdem spürt man seine Freude an genau dieser Arbeit, deshalb hat er die Nase vorn.

10. „Ohren auf, Schnute zu"

- Einarbeitungszeit -

In der Probezeit achtet der erfolgreiche Bewerber vor allem darauf, sich in das bestehende Team einzufügen. Er weiß, dass sein Erfolg nur zu zwanzig Prozent von seinen fachlichen Leistungen abhängt. Weil er dafür sorgt, dass sein Chef und seine neuen Kollegen ihn mögen, umgibt ihn automatisch auch der Nimbus des Tüchtigen.

Ich danke

- meiner Nichte Kathrin, die das Buch von A bis Z begleitete und nicht nur mit Akribie Fehler und Ungereimtheiten im Manuskript aufspürte, sondern auch stets einen Einfall hatte, wie sich diese ausmerzen ließen,
- meinem Doktorvater Kurt Otten, der besser als ich selbst verstand, auf was ich hinaus wollte,
- Hans Kremer für konstruktive Auseinandersetzungen,
- Horst Georg Koblitz, durch dessen gründliche Überarbeitung der Text flüssiger und klarer wurde,
- Heide Caron für ihre sorgfältige Korrektur,
- Michael Angermaier und Manfred Prior, die mich mit lösungsorientiertem Denken vertraut machten,
- meiner Tante Eva und meiner Tante Helga, die mir „Schriftsteller-Asyl" gaben und mich umsorgten,
- allen Mitgliedern meiner Familie für das schöne Gefühl, einander zu haben,
- Herbert Heinrich, Brigitte Witzer und anderen Freunden für zusätzliche Erleuchtung und Ermutigung,
- Kollegen und Kunden, die einzelne Fälle

beisteuerten,

- ganz besonders meinen Klienten, die - freiwillig oder unfreiwillig - Material zu diesem Buch lieferten und mich überhaupt erst auf den Gedanken brachten,
- Ritje Dieckmann für das Cover und die gelungenen Zeichnungen,
- allen, die an der Buch-Website und an der Produktion des Buchs mitgewirkt haben,
- und last but not least meinen Lesern für ihr Interesse.

Ich versichere, dass alle Fallbeispiele in diesem Buch auf tatsächlichen Vorkommnissen beruhen. Ob Sie es glauben oder nicht, kein einziges ist erfunden - es wurden lediglich die handelnden Personen anonymisiert.

Literaturverzeichnis

1. Quellen

Grobe, Thomas G., und Friedrich W. Schwartz, Arbeitslosigkeit und Gesundheit, Robert Koch-Institut, Berlin 2003, ISBN 3-89606-140-2
www.rki.de/cln_048/nn_199850/DE/Content/GBE/Gesundheitsberichterstattung/GBEDownloadsT/arbeitslosigkeit,templateId=raw,property=publicationFile.pdf/arbeitslosigkeit.pdf

Gumplmaier, Helga, „Arbeit, Arbeitslosigkeit und Gesundheit" (Referat zur 4. Österreichischen Präventionstagung des Fonds Gesundes Österreich am 21./22.11.2002)
www.fgoe.org/veranstaltungen/fgoe-konferenzen-und-tagungen/archiv/praeventionstagung/abstract-gumpelmaier.pdf

Kieselbach, Thomas, et al., Ich wäre ja sonst nie mehr an Arbeit rangekommen! (Evaluation einer Reintegrationsmaßnahme für Arbeitslose) Beltz, Weinheim 1998

Mann, Thomas, Brief an seinen Verleger Samuel Fischer vom Juli 1906, zitiert nach: Hans Wysling, Ausgewählte Aufsätze 1963-1995, Band 13 der Thomas-Mann-Studien, hrsg. von Hans Wysling und Thomas Sprecher. Klostermann, Frankfurt a. M. 1996, S. 222

Mary Poppins, Film nach dem Roman von Pamela L. Travers, Regie: Robert Stevenson, Darsteller: Julie Andrews, Dick van Dyke u. a. m., Musik: Richard M. und Robert B. Sherman, Walt Disney Productions 1964, Special Edition auf 2 DVDs 2006

Ogger, Günter, Die Abgestellten. Ein Nachruf auf den festen Arbeitsplatz. C. Bertelsmann, München 2007

Oschmiansky, Frank, „Faule Arbeitslose? Zur Debatte über Arbeitsunwilligkeit und Leistungsmissbrauch", Aus Politik und Zeitgeschichte, B 06-07/2003
www.bpb.de/publikationen/C25W0J.html

Rifkin, Jeremy, The End of Work: The Decline of the Global Labor Force and the Dawn of the Post-Market Era (1994).
Deutscher Titel: Das Ende der Arbeit und ihre Zukunft. Neue Konzepte für das 21. Jahrhundert. Fischer Taschenbuch, Frankfurt 2005

Sachverständigenrat zur Begutachtung der Entwicklung im Gesundheitswesen, Kooperation und Verantwortung: Voraussetzungen einer zielorientierten Gesundheitsversorgung, Gutachten 2007
www.svr-gesundheit.de/Startseite/Startseite.htm

Saiger, Helmut, Die Zukunft der Arbeit liegt nicht im Beruf: Neue Beschäftigungs- und Lebensmodelle (1997). Kösel, München 1998

Scheer, Brigitte, „Die Analyse von Arbeitszeugnissen

durch Personalberater", Personal Nr. 8 vom 1. August 1995, S. 396 - 399

SPIEGEL vom 23.05.2005, „Der Hartz-Horror", von Michael Sauga et al., S. 24 - 40

SPIEGEL vom 01.12.2003, „Das Nürnberger Labor", von Matthias Geyer und Alexander Smoltczyk, S. 36 - 46

Watzlawick, Paul, Anleitung zum Unglücklichsein (1983). Piper, München und Zürich, 7. Auflage Juni 2004

2. Weitere Tipps

Arbeitslosenprojekt TuWas (Hrsg.), Leitfaden für Arbeitslose: Der Rechtsratgeber zum SGB III. Fachhochschulverlag Frankfurt a. M., 24. aktualisierte Auflage 2007

Schönburg, Alexander von, Die Kunst des stilvollen Verarmens. Wie man ohne Geld reich wird (2005). Rowohlt, Berlin, 11. Auflage Januar 2006

Bildnachweis

Umschlaggestaltung und 12 Zeichnungen im Buch:
Ritje Dieckmann
www.ritjegrafik.de

Zeichnung S. 97:
frei nach einer Idee aus unbekannter Quelle

Zeichnung S. 119:
frei nach einer Zeichnung von Thomas Plaßmann
mit dessen freundlicher Genehmigung
www.thomasplassmann.de

Foto Umschlagrückseite:
Stefan Schickler
www.photostudio3.de